みらいをひらく、わたしの日用品

川島蓉子

もくじ

みらいをひらく、わたしの日用品

わたしは買い物が大好きです。ちょっとワクワクしながら使ってみて、「やっぱり」と嬉しくなったり、「意外に」とがっかりしたり――そんなことを繰り返し、日々の暮らしを紡いできたのです。

そして、お気に入りになると、作り手の話を聞きにいくことにしています。ものとは暮らしを便利にするだけでなく、楽しくしたり、ささやかな喜びをもたらしてくれる。なぜならそこに、作り手の思いが込められているからと感じてきたからです。

作り手の話には、心躍るエピソードがちりばめられています。技のすごさや手順の面白さはもちろん、「使って喜んでもらいたい」「誰かの役に立ちたい」という温かさが伝わってくることがいっぱい。話し出すと、止まらない人もいて、人はいつも、人のために役立ちたいという気持ちを抱いていると感じ入るのです。

そんな〝作り手の思い〟と〝使い手の思い〟をつなげたいという意図から、この本を作りました。

これからロボットやＡＩがますます進化することで、みらいの暮らしにたくさんの便利さがもたらされるのは、ほぼ間違いありません。ただ、暮らしの豊かさとは、効率や合理性だけでは成り立たないと思うのです。ちょっと面倒でも、作り手の思いを知って慈しんで使うことが、人の気持ちを彩るのではないでしょうか。

暮らしがチャーミングになる、とっておきの品々。生活をちょっと素敵にする日用品と日常がひとつになって続いていく――今日の買い物を楽しむことが、みらいをひらいていくのだと思います。

虎屋 **01**

「みらいの羊羹」わくわくシェアする羊羹

毎日食べるほどではありませんが、羊羹が大好きです。

ご縁があって、和菓子の老舗である「虎屋」と「みらいの羊羹」について考えるプロジェクトを続けてきました。どんな羊羹があったら、どんな風に食べる場を想定したら、みらいは豊かに楽しくなっていくのか。「暮らしと羊羹」について、考えてみたのです。

毎日の暮らしの中で、お菓子をいただく時ってどんな気分なのか。友だちとおしゃべりする、家族でお祝いする、知り合いが集ってパーティーする――それは何らかの楽しさや喜びと結びついているのではないでしょうか。

テーブルの真ん中にケーキをどんと置いて、わっと盛り上がって切り分ける。その中から、大きさやデコレーションを見比べて一切れを選ぶ。「おいしい」と顔を見合わせながらいただき、笑顔を交わす。家族や友だちとの思い出は、そんなシーンとつながっている気がします。ただ、和菓子に限定すると、そういうシーンが浮かんでこないのです。だから逆に、そこに可能性があるのではと考えました。

行き着いたテーマは「わくわくシェアする羊羹」でした。デジタル化が進み、時空間を超えたつながりが増せば増すほど、顔と顔を合わせ、会話を交わす意味は濃くなっていくのではないでしょうか。そこにお菓子があれば、楽しい気分が高まるかもと考えました。分け合いながら会話が弾む。そんなシーンを思い描いたのです。

そして「わくわくシェアする羊羹」をお題に、分野の異なる三人のクリエイターに集まってもらいま

した。異なる独自性を持ったクリエイターがチームになって、「虎屋」と羊羹を作ったら面白いことが起こるに違いないと想像したのです。

お願いしたのは、テキスタイルデザインの領域で、高い創造性を発揮している須藤玲子さん。グラフィックデザイナー・アートディレクターとして、ロマンティックで魅力的な世界を繰り広げている渡邉良重さん。ハイレベルなショップやプロダクトデザインを手がけているグエナエル・ニコラさんです。三人から出てきたアイデアをもとに、「虎屋」の職人とやりとりを重ね、「みらいの羊羹」の制作が始まりました。

試行錯誤を重ねながら、伝統に裏打ちされた「虎屋」の技が、ユニークなアイデアを〝かたち〟にしてくれました。モダンさを備えた「おいしい顔つきをした羊羹」が三種類、できあがったのです。

須藤玲子さんは、切り分けると、モダンでグラフィカルな柄が現れる羊羹を提案してくれました。

テーマは縞《しま》。円のかたちや四角いかたちに並べてみると、縞と縞がつながり、布＝テキスタイルのような表情が広がります。並べた光景を楽しんでから、わいわい選べる羊羹です。

渡邉良重さんが出したアイデアは、カラフルなパーツが入った透明な羊羹。切り分ける場所によって、うさぎや鳥、女の子の横顔など異なる絵柄が現れるので、手前と奥の絵が重なって見えるのもユニークな発想。想像を巡らせ、絵柄のつながりをストーリーにしてみたりして——楽しい会話が広がりそうです。

グエナエル・ニコラさんは、スティックタイプの一口羊羹を考えました。扇をかたどった設《しつら》えが特徴で、華やかさと斬新さを併せ持ったユニークな姿かたちを楽しめます。気楽につまんでいただける、立食パーティーの席などにぴったり合う羊羹です。

大皿に盛り付け、みんなで取り分ける。新しい姿にちょっと驚き、食べながら会話が弾む。「みらいの羊羹」を囲んで、そんな場が生まれていったらいいというチームの願いが込められています。

あの方に贈ろう、この方に驚いてもらおうと思いを巡らせるのも、また楽しい。ちょっとしたギフトにぴったりでした。

02
虎屋

続「みらいの羊羹」
極薄に仕立てる

「わくわくシェアする羊羹」を皮切りに、「みらいの羊羹」プロジェクトは、その後も続きました。

第二弾は、「もっとカジュアルに、もっとリラックスして食べられる方法はないか」という発想から、〝生ハムのように薄い羊羹〟を作ることになったのです。薄い羊羹を、チーズと巻いたり、あるいはアイスクリームにのせて食べたらと、想像を巡らせてみたのです。

アイデアに対して、チームメンバーである「虎屋」の最高技術者の染谷武徳さんと、商品開発主任の小野葉月さんは、早速、試してくれました。そして、「厚みが変わることで、フワッとした舌ざわりや、少し甘味が薄い味わいに変わる」と発見があったことから、極薄の羊羹作りに挑戦することになりました。

そして、二ミリほどの薄い薄い羊羹ができあがったのです。確かに厚めに切り分けた羊羹に比べると、軽い歯ごたえとしなやかな食感、口の中に広がる風味が少し控えめで「今までにないもの」と感じました。また、これだけ薄いと、食べる気分も大きく変わります。「きちんとしていただく」というより「ちょっとつまんでみる」感覚で、気安く手が伸びるから不思議、不思議。そして見たことがない姿かたちなので、じっと見入ってしまいます。

聞けば、薄いものを均質な厚みで削ぐには、かなりの技術と集中力が必要だとか。やはり、熟練した職人さんのなせる技なのです。黒色(黒砂糖入)と紅色(和三盆入)の二種類を交互に並べ、小箱に収めた美しい一品「NATSU NO TABI」ができあがりました。

このプロジェクト、ここで終わりませんでした。小野さんが発想を膨らませ、「もっと大判のもの」

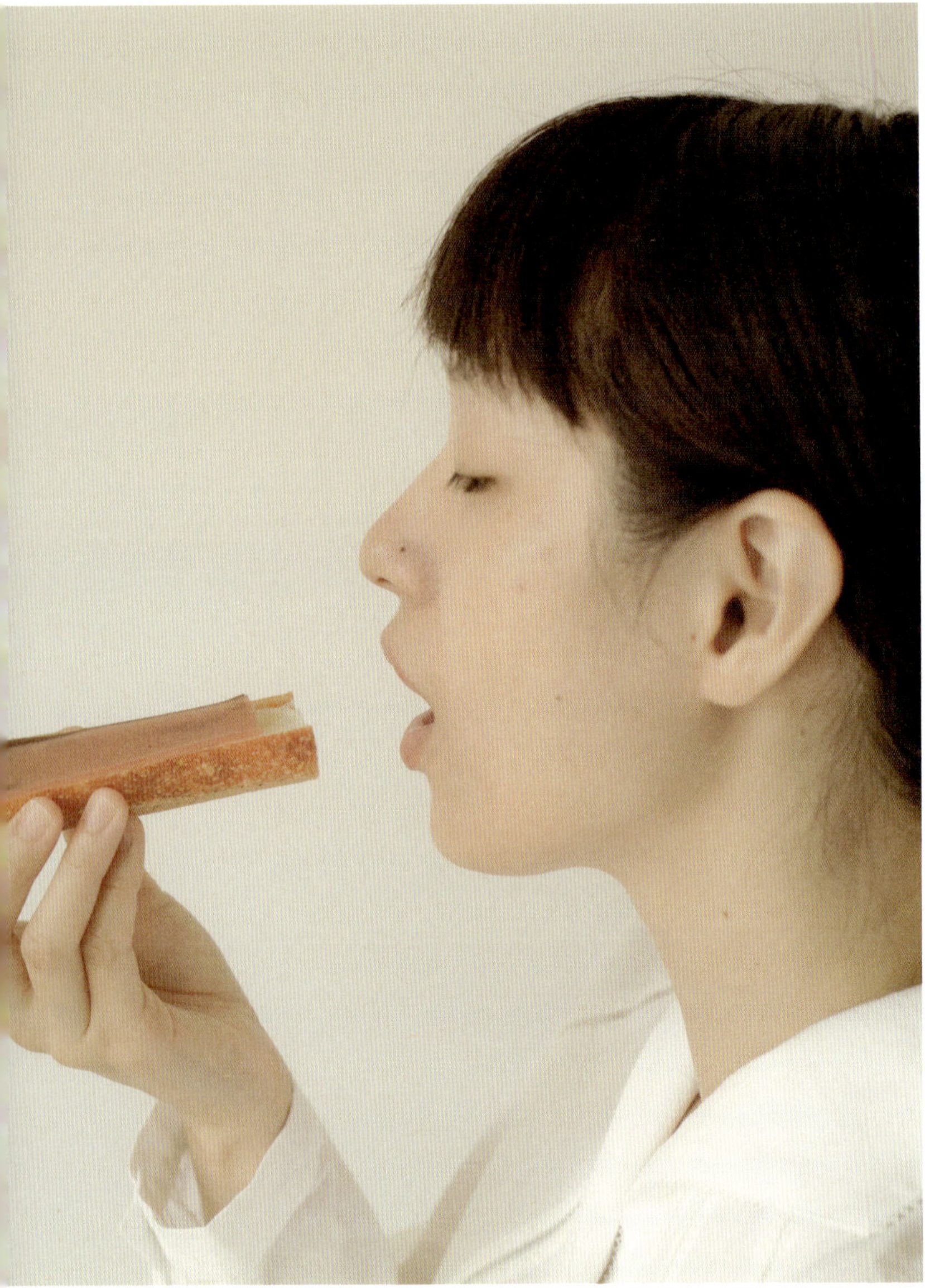

にトライしたのです。できあがったのは、約二〇センチ四方、厚さが三ミリほどの羊羹。表面の広さを活かして、マーブル柄を施しました。

繊細で美しい佇まいがスカーフのように見えることから、フランス語で正方形を意味する「カレ」を用いて、「カレ ド 羊羹」と名づけたのです。「紅×白」はバニラ風味、「黒×青」はラム風味と、味もひと工夫。薄紙に包まれ、上質な箱に収まっている姿は実にチャーミング。素敵なファッションギフトをもらったような、ゴージャスな気分に浸れる一品です。

極薄の羊羹はまた、いろいろな食べ方を試してみると楽しい発見がありました。パンに挟んでサンドイッチにするとティータイムにぴったりですし、クリームチーズと重ねて冷やして小さなケーキ仕立てにしてみたり——あんの持っている可能性が、さらに広がるような気がしました。

二種類の薄い羊羹が、職人さんの知恵と技によって生まれました。伝統に甘んずることなく、新しい試みに挑んでいく先に、みらいが拓けていく。五〇〇年近くの歴史を築いてきた老舗企業には、過去から積み重ねてきた技を大事にしながら、みらいに向けて今の技を磨き続ける挑戦がありました。

工業生産による大量のモノ作りが、少し行き詰まっているように見える中、高度な職人の技に改めて感じ入り、大きな財産と受け止めた仕事でした。

03
グリン
「シャネルボタンダブルリング」
ヴィンテージボタンを使った
指輪

毎日、指輪をはめていますが、豪華な宝石や有名ブランドのものより、アクセサリー感覚のものが好き。街を歩いていてアクセサリーショップをのぞくと、必ず指輪を探しています。

「伊勢丹新宿店」のアクセサリーコーナーで、「gren（グリン）」というブランドと出会いました。期間限定の出店ということでしたが、ユニークなデザインに惹かれ、ひとつ手に入れたのです。

二つのパーツをつないだ構造になっているので、指と指の間に、二つのパーツが並んで見えるデザインが特徴。これを着けていると、普通の指輪と少しだけ感覚が違うのに気づきます。指の付け根に二つのパーツがあることで、やさしい触感が伝わってくるのです。ひとつはキラキラした石を集めたパーツ、ひとつはシックな佇まいの大ぶりなパーツ、聞けばこれ、「シャネル」のヴィンテージボタンを使っているといいます。

あのシャネルスーツを彩っていたというストーリーが透けて見える——多くの女性にとって、ココ・シャネルは、仰ぎ見る存在ではないでしょうか。憧れのシャネルスーツに付いていたボタンが指を飾ってくれると思うと嬉しくなります。

どういう思いを込めて指輪を作ったのか、デザイナーの山田みどりさんに聞いたところ、パリの蚤の市でヴィンテージのボタンと出会ったのがきっかけだったとか。そうたくさん出回っているものではないので、以来、特別に発注して買い付けているといいます。ヴィンテージならではの精緻な細工と、時間を経たものが持っている風合いが魅力。山田さん自身の持っている少しロマンティックな雰

囲気や、大胆さと繊細さが同居しているセンスが映し出されていると感じました。

指輪とは、人に見せるとともに、自分の視線が投げかけられるところでもあります。パソコンのキーボードを叩く指の動きに合わせ、指輪もリズミカルに弾んでいるようで愉快な気分になります。

04

ビームス

「インディゴこけし」

「藍」で描いたこけし

リビングの入り口の棚の上に、いくつか人形を置いています。朝出かける時、「行ってきます」と一声かけ、送り出してもらっているのです。

今は、仙台生まれのモダンなこけしが、その役目を果たしています。セレクトショップ「BEAMS（ビームス）」が展開している「fennica（フェニカ）」というレーベルのディレクターである、テリー・エリスさんと北村恵子さんからいただいたチャーミングなこけしです。

「フェニカ」は、世界各国の手仕事を紹介しているレーベル。エリスさんと北村さんが、さまざまな国や地方を訪れ、作り手と話し込み、一緒にモノ作りをして、丁寧に紹介しているのです。

このこけし、「Indigo Kokeshi（以下、インディゴこけし）」という名の通り、絵柄がブルーなのが特徴です。エリスさんと北村さんが、二〇一三年の夏、仙台市郊外にある仙台木地製作所を訪れたことから生まれました。

普通のこけしは、朱・赤・黒・緑などの色使いが一般的。誰もが、こけしと言われると、まずは、そういう色を思い浮かべます。ところが「インディゴこけし」は青。なぜなのでしょうか。

エリスさんと北村さんが仙台を訪れる前に、宮城の藍染工房を見てきたことも手伝って、「そういえば、青色のこけしってない」という疑問から、仙台木地製作所と一緒に、青色のこけし作りが始まったといいます。

こけし職人の佐藤康広さんに、青い染料で描いてもらったところ、予想以上のモダンな顔つきに。

そしてさらに「藍」の絵付けに挑戦したのです。青い染料に比べて「藍」は薄づきなため、何度か塗り重ね、ちょうどいい色合いを出したといいます。

聞けば、佐藤康広さんのお父さんは名を馳せたこけし職人。創作こけしの第一人者だった石原日出男さんの作品を、高度な木工ろくろの技を駆使して再現するなど、多彩な創作こけしを発表して評価を得てきた方だそうです。「おやじはいつも面白いものを作っている」という思いから、康広さんもこけし職人の道を選んだとか。

できあがった「インディゴこけし」は、「藍」の自然な風合いが、こけしの木肌としっくり馴染んで、昔からあったような風情が漂っています。ジーンズのように、時を経ると少しずつ色が変化していって、異なる味わいが生まれてくるそう。時とともに、ものの佇まいが少しずつ変化していくのも、自分と一緒に歳を重ねるようで、愛おしむ気持ちが湧いてきます。

また、「藍」という染料を用いたのは新しい試みですが、柄は伝統的な線と花模様を組み合わせたま――新しさと伝統が入り混じって、新鮮な魅力を放っているのは、エリスさんと北村さんのセンスがあってのこと。デザインと技が組み合わさることで、素敵なものが生まれるのだとつくづく思いました。

長い歴史の中で受け継がれてきた良きものを活かしつつ、これまでにない領域に挑戦していくこと、それによって、多くの人に愛されるものが生まれてくること。これは、「インディゴこけし」に限らず、日本が持っている財産のひとつと感じます。

さて、この「インディゴこけし」、予想以上の人気ぶりで、作るそばから売れていくといいます。今までにないユニークさを醸し出しているので、それも当然のなりゆきだったのかもしれません。

ただ、職人の手仕事で丁寧に作っているので、一気に大量生産できるものではありません。だから、ある程度まとまった量ができるとお店に並べる。並べるそばから売れていく。次の「インディゴこけし」が登場するのを待ちながら、少しずつ増やしていくのも楽しみです。

05
東屋

「醤油差し」知恵と技の真っ白な結晶

毎日の食卓に登場するのが醤油差し。いくつか持っていて、季節や気分によって、使い分けています。中でも、よく登場するのは「東屋」の醤油差し。お店で出会った時、何気ないように見えて、目を惹くかたちと感じました。聞けば、素材は熊本の天草陶石、これを高温で焼いた磁器だそう。真っ白で上品な佇まいは、硬質な磁器ならではと腑《ふ》に落ちました。

手に入れ、使うほどに良さがわかる幸福な出会いになりました。気に入っている理由はいくつかあるのですが、ひとつは、醤油の切れ具合がいいことです。「液ダレしない」を謳《うた》い文句に掲げている醤油差しはたくさんありますが、使ってみて「さほどでも」という経験が多かったので、これも半信半疑で使い始めたのです。使ってみて驚きました。傾けるとちょうどいい案配で醤油が出てきて、注ぎ終えると小気味良く切れる。液ダレすることが、まったくと言っていいほどないのです。

どうしてこんなにうまくできているのか、改めて聞きに行ったところ、何度も試行錯誤を繰り返し、注ぎ口の形状と角度を工夫したのだと「東屋」の熊田剛祐さん。モノ作りについて語り始めると、止まらない勢いで話してくれました。微細な工夫の積み重ねが、この絶妙な切れ具合を生み出していると思うと、ためつすがめつ眺めてしまいます。

手に取った時の収まりがいいのも特徴です。取っ手がない小ぶりなかたちなので持ちづらいのではと懸念したのですが、使ってみると、持ちやすくて傾けやすい。これも、大きさやかたちに徹底してこだわった上で、見た目の美しさに配慮して作られた結果なのでしょう。

個性を声高に主張することなく、普通の佇まいに仕上がっているのも好きなところです。これが百円均一ショップのものと大きな隔たりがあるのは、人の知恵と技が隅々まで行き届いているからと感じます。工程を省いた効率主義でなく、作り込んだ簡素さなので、上質な空気感をまとっているのです。

それに加え、どんな食器や料理とも合うのです。日本の日常の食卓は、さまざまな国の料理が混じっているのが普通。和食はもちろん、洋食や中華、それらが微妙にミックスされたものも多く、○○料理と名づけられないお皿が同居します。この醤油差しは白無地なので、色や柄が付いた器との相性もいいし、洋食器ともエスニック調のものとも、違和感なく馴染んでくれます。

一回り大きなサイズもあります。醤油に限らず、餃子に添える酢や、アジフライに添えるウスターソースにも。中に入れる調味料や、料理との組み合わせで、醤油差しの表情が少し変わって見える、そんな気分を楽しんでいます。

また、通常の醤油差しの場合、蓋と本体の重なる部分には釉薬をかけないそうですが、これは、丁寧に釉薬をかけてあるので、醤油染みができることなく、きれいなまま使えます。私はあえて、その日使う分だけ注いで食卓に。使い終わったら洗って乾かすようにしています。

幼い頃は、「キッコーマン」の醤油差しが冷蔵庫に入っていて、毎日のように食卓に登場し、なくなったら一升瓶から注いで再び冷蔵庫へ、というのがわが家の常識でした。それはそれで便利で効率的だったと思います。ただ今は、あまりに時間に追いかけられる日が続く中、使う分だけ入れるこまめ

さは、面倒というよりは、暮らしにちょっとしたゆとりをもたらしてくれると感じます。

洗っては使うを繰り返し、使い込んでいくうちに、愛着が湧いてきて、もっと丁寧に付き合おうと思う。道具とのかかわりは、心を豊かにしてくれます。そして、そういうことを大切にしてきたのが、実は日本の昔からの暮らしではなかったかと、熊田さんと話していて思い及びました。

06

めでたや「犬張り子」愛らしい表情の縁起もの

部屋のどこかに、日本ならではのお飾りを置いておくと、気持ちがほっとします。

わが家は、和洋が玉石混淆で、これというスタイルがびしっと決まっているわけではありません。でもそれが心地良さを醸し出している——そんな風にも思っていて、多少の雑多さや、ものがあふれる賑やかさも良しとしてきました。そういった空間の中で、ちょっとした守り神みたいな役を引き受けているのが、日本のお飾りなのです。

年末年始になると、登場するのが「犬張り子」です。「犬張り子」は本来、出産祝い・安産祈願に使われるものですが、これはそうでない目的で手に入れました。色使いがおめでたい雰囲気なのと、愛嬌のあるユーモラスな顔が元気をつけてくれるから——赤い座布団の上に鎮座しているさまが、ほほえみを誘います。

ひとつひとつ手作りなので、かたちも表情も微妙に違います。山梨県で和紙を使った雑貨類を作っている「大直」というメーカーの「めでたや」シリーズの中の「犬張り子」。他に干支である酉や獅子舞など、縁起ものがたくさん揃っています。

張り子とは、型の上に、紙を千切って貼り重ね、乾かしてから型をはずして、底の部分を補強したもの。底に穴が開いているのでのぞいてみると、丁寧に貼り重ねた様子がわかります。裏まで手を抜かずに作っているところに、「お天道様が見てるから」という日本人の誠実さを感じると言ったら、ちょっと言い過ぎでしょうか。

ものを創る
白洲正子

どしゃぶりの朝や、仕事に向かう気分が萎えている時など、「犬張り子」に向かって、「今日もおめでたい日になりますように」と声がけすると、明るい気分が湧いてきます。

07
恋する豚研究所
「ベーコン」
ふんわりしたお肉の甘み

誕生日とか結婚記念日とか、ちょっと特別な日には、「恋する豚研究所」というところの豚肉を取り寄せています。

このチャーミングなブランド名は、社長である飯田大輔さんがつけたもの。「恋をすれば、健やかでおいしい豚が育つのでは」という思いを込め、「豚が恋する」イメージを付したといいます。最初、耳にした時は「ちょっと不思議」と思いましたが、おしゃれな書体とともに記憶に残る名前です。

扱っているのは、千葉県香取市で育てられた豚肉。しゃぶしゃぶ用の他に、炒めもの用と、ステーキ・とんかつ用があるのですが、いろいろな料理に使えます。その他、ハム、ソーセージ、ベーコンといった加工品も揃っています。同じブランドのぽん酢もあり、地元の醤油や酢を使っていて、豚肉によく合います。お肉とぽん酢をセットにして、お世話になった方に贈るのに重宝します。

一・五ミリの薄さにスライスしてあるしゃぶしゃぶ用の豚肉は、お湯にさっとくぐらせてピンク色の状態でいただくのが一番。水菜やレタスと一緒に食べると、ふんわりしたお肉の甘みが口いっぱいに広がります。やさしい桃色が食卓に明るい気分を添え、思わずにっこりするおいしさです。ベーコンも気に入っていて、鉄のフライパンでじっくり焼いて目玉焼きを添えたり、スクランブルエッグと一緒にサンドイッチに――甘みを含んだ豚肉のおいしさを楽しんでいます。

そもそも、このブランドとの出会いは、知り合いから贈っていただいたこと。すっかり気に入って、どんな人がどんなところで作っているのか、気になって取材に行きました。

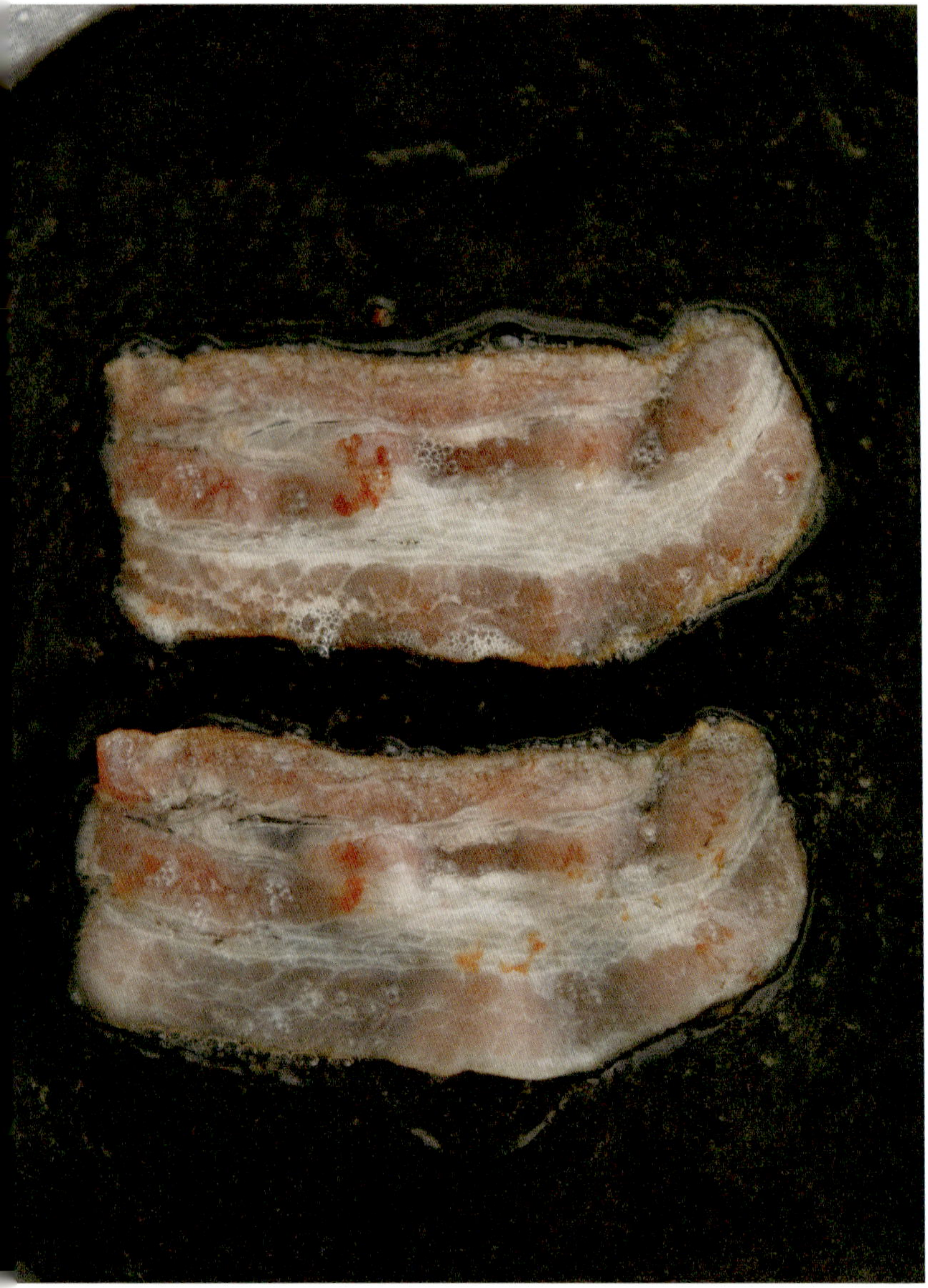

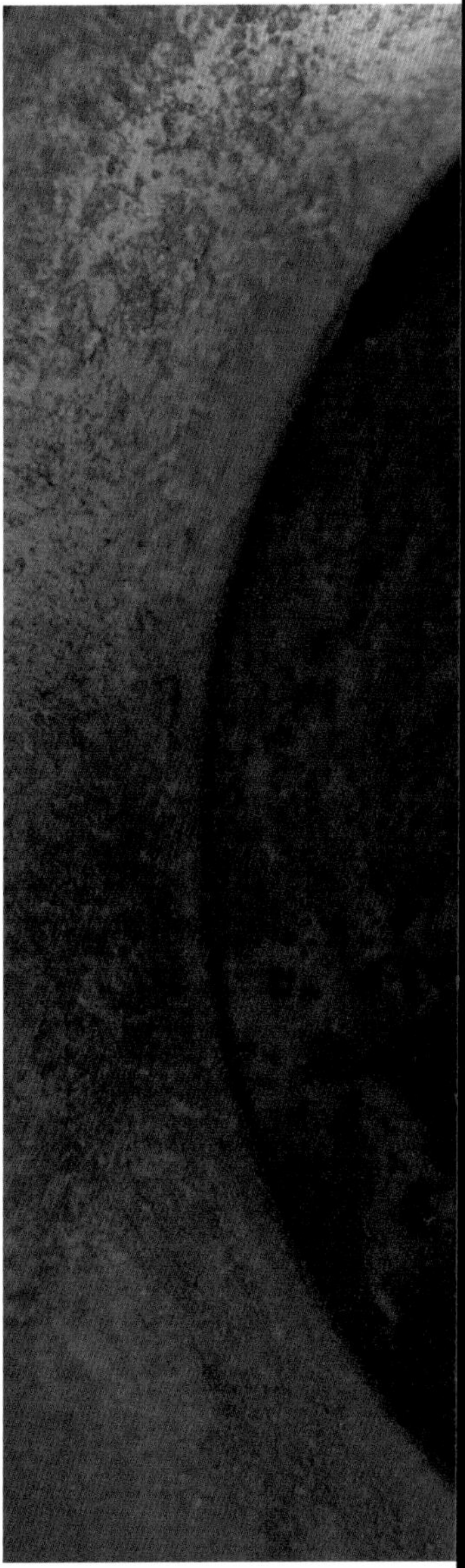

訪れた本社兼工場は、木肌を活かした壁と赤い屋根、白い手すりが付いた螺旋《らせん》階段が印象的。遠くから目を引く佇まいで、周囲の畑や林と馴染み、美しい風景を作っています。

物販店や食堂も備えてあり、一般の人が訪れて買い物や食事を楽しめるようになっています。ここで食べると、家とはまた違うおいしさが――周辺の緑を眺めながらいただくと、のびやかな気持ちが広がっていきます。

豚を育てているのは、有限会社「アリタホックサイエンス」。加工しているのは社会福祉法人「福祉楽団」で、知的障害者のひとたちがハムやベーコンなどの製造を行っています。そして、それを販売しているのが「恋する豚研究所」なのです。

育てる人＝「アリタホックサイエンス」、加工する人＝「福祉楽団」、販売する人＝「恋する豚研究所」が、それぞれの役割を果たしながら、つながってブランド化することを目指しているというのも、ちょっと素敵な話です。

さてこの商品、全国のスーパーなどで売られているのですが、ネットでも注文できます。緑色とクリーム色を基調にした、森のモチーフ柄を入れたシンプルなパッケージは、清潔感があって上質なイメージ。お肉のパッケージとは思えないチャーミングさを備えています。工場といい、お店といい、社長の飯田さんが、デザインにこだわる姿勢が伝わってきます。

「農業や福祉はクリエイティブな仕事、だからデザインを大切にしたい」というのが飯田さんの考え。変化する自然に対峙《たいじ》する農業と、高齢者や障害者など、個人によって事情が異なる福祉には、その時、その場の状況に応じて、最善のケアを行うことが求められる。それを「常に創造的な判断が必要という意味では、とてもクリエイティブな仕事」ととらえ、デザインと同じととらえているのです。「農業も福祉も、それぞれの分野で閉じているので、もっともっと外部とつながっていく必要がある」と感じ、農業と福祉をつないで新しいビジネスを創ろうと「恋する豚研究所」を立ち上げたそうです。そう真剣に語る飯田さんを見ていると、別の分野をつなぐことで、新しい途《みち》を拓いていくことは、他領域でも同じではないかと、思いが及んでいきます。

しかし販売の現場では、福祉や障害者について、あえて触れないことにしているそう。それはなぜなのか――障害者がかかわっていることを「売り」にも「言い訳」にもせず、良い品として評価してもらいたいから。そのあたりのフェアな心持ちに、深く頭が下がりました。

おいしい気持ちで応援していきたいブランド、それが「恋する豚研究所」なのです。

08
タイム アンド スタイル
「重箱」
色柄美しい磁器の重箱

今日は目まぐるしかったという日や、休日のゆったり感に浸りたい日は、夕食後、あえてテレビを消して、部屋の照明を落とし、家人とお茶を楽しむことにしています。

そんな時、和菓子を磁器の重箱に入れ、銘々皿のように分けるのも、ちょっとした贅沢気分。器の設えを変えるだけで、時間も空間もがらりと変わるから不思議です。使うのは「TIME & STYLE（タイム アンド スタイル）」でロングセラーになっている磁器の重箱。それぞれに季節の和菓子を入れて、いただきます。

最初にお店で見た時は、少し不思議な感じがしました。重箱と言えば、普通は漆塗りのもの。黒や朱に塗られた箱におせちを詰めた光景は、日本人なら誰でも目にしたことがあります。それが漆でなく、磁器でできているのが新鮮に映ったのです。買って使ってみて、重宝することに気づきました。改めて見ると、直方体のかたちが実に正確、本体と蓋がぴったり合うように作ってあって、モノ作りの確かさに見入ってしまいました。この上質さが、使う気分を豊かにしてくれるのです。

そして、「タイム アンド スタイル」の代表を務める吉田龍太郎さんの話を聞きに行きました。そもそも陶器と磁器の違いはどこにあるのでしょう。陶器の主成分は粘土、磁器の主成分は陶石と呼ばれる石の粉末で、陶器より磁器の方が高温で焼き上げる――つるりとした硬質な素材感は、高温で焼き上げた磁器ならではの特徴だそうです。

磁器で正確な寸法を実現するには、腕利きの職人の努力の積み重ねがあってのこと。焼き上げる時に歪みや縮みが生じるため、細やかに計算しながら微調整を繰り返さないと、ここまでぴったりした寸法にできないといいます。また、漆器の場合は、削ったり組み立てたりしながら、重ね合わせることができるのですが、磁器は焼き上がってはじめて重ねるわけですから、万全の準備をした上で焼きに入れる。それが半端ではなく難しいということも、聞いてみてわかりました。

この重箱、上品な色柄が七つも揃っていて、自由に組み合わせられるのも特徴です。色柄は、江戸時代から伝わる「印判」という手法を用いて、ひとつひとつ器に刷り込んだものといいます。同じ柄で合わせるのもよし、無地と柄を組み合わせるのもよし、いくつか持っておくと、気分によって楽しめます。サイズは、八・五センチ角から一六・五センチ角まで三種類、他に長方形のかたちも揃っています。

使い方もさまざまに広がります。正統なところでは、おせちやおもてなし料理を、彩りを考えて詰め合わせる。卓上で蓋を開けると、場の雰囲気が盛り上がります。また、蓋つきなので、佃煮や梅干しといった常備菜を詰めて冷蔵庫へ入れておくことも。電子レンジにかけても大丈夫なので、帰宅が遅い家族のために、おかずを入れておいて、食べる時にチンして出すこともできます。

色柄やかたちがモダンなので、和に限らず幅広い料理に使えます。たっぷり作ったラタトゥイユを入れたり、麻婆豆腐を詰めてもきれいに映えます。また、小ぶりのサイズでプリンやババロアを作ると、少しよそゆき顔に――中に入れる料理とのバランスを考えて、器を選ぶのは楽しいひとときです。

わが家では、小物入れとして玄関に置いて、印鑑や鍵をしまっています。リビングから印鑑を持って出てもいいのですが、玄関先にあるとバタバタしなくて便利なのです。玄関に剥き出しで印鑑や鍵を置いておくのはかっこ悪いと思っていたので、この重箱がはまりました。

「タイムアンドスタイル」は、「東京ミッドタウン」や「玉川高島屋S・C」にお店を構えているのに加え、最近、オランダのアムステルダムにお店を出しました。海外の人から人気が高いことを受けての出店といいます。日本の職人さんとがっぷり四つに組んで、丁寧に作られた製品が、海外で認められ、暮らしの中で使われていく様子を想像すると、誇らしい気分になります。

09 金鳥の渦巻 × ミナ ペルホネン

「蚊取線香」夏の風習がモダンに甦る

夏になって「ぶーん」と蚊の羽音がすると、やおら登場するのが蚊取線香。鮮やかな緑の色と、ぐるぐるとした渦巻きのかたち、鼻をつく除虫菊の香りは、夏の記憶と強く結びついています。線香を焚きながら、近所の友だちと遊んだ花火の楽しさ、かぶりついて食べたスイカの甘さ、浴衣を着て出かけた神社のお祭りなど、夏の情景がいくつも浮かび上がってきます。

最近は、電気を使った無臭のものが、たくさん出回っていますが、やはり夏と言えば「金鳥の渦巻」。ということで、多くの人の記憶に刻まれている「金鳥の渦巻」に、「ミナ ペルホネン」を手がけるファッションデザイナーの皆川明さんが、魅力的な工夫を盛り込み、新しい顔つきの蚊取線香を作りました。「伊勢丹新宿店」のイベント「みらいの夏ギフト」(二〇一五年七月二二日〜七月二八日)のために作った伊勢丹限定オリジナル商品。「金鳥の蚊取線香」のトレードマークとも言える、鮮やかな色使いの箱が、おしゃれな顔つきに変身しました。

カラフルな箱がモノトーンに——中央に浮かび上がっている真紅の雄鶏や、上部にある除虫菊の周囲を舞っている「ミナ ペルホネン」の文字群が、きりっとした中に、チャーミングな風情を醸し出しています。セットになっている線香立てもカラフルなパステルイエローに。濃緑色の線香に、淡い黄色がよく映えます。リビングに置いてしっくり馴染むパッケージと、使ってモダンな佇まいが嬉しい一品。

夕暮れのまだ明るいうちから蚊取り線香を灯す。煙がすっと立ち上る姿もきれいですが、暮れなず

んでいくと、火が付いている部分のオレンジ色が輝いてきて――夕餉の仕度をしながら、そんな風情を楽しむのも贅沢な気分。
自分で使うのはもちろん、まとめ買いして、お世話になった方への、ちょっとしたギフトに最適でした。

10
コシラエル
「スカーフ」
別世界が風に揺れる

日本は雨が多い国なので、四季折々、傘の出番が多くなります。私はしっかりものに見えるらしいのですが、実は大のおっちょこちょい。あちこちに傘を置き忘れ、「しまった」と慌てることが何度あったか。出てくることもあれば、失くしてしまうこともあって、せっかくのご縁だったのにと悔しい思いをしてきました。それでも素敵な傘に出会うと「今度こそ絶対に失くさない」と心に誓い、手に入れてしまうのです。街を歩いていて、目に留まったものを買うこともあれば、失くしてしまったお気に入りのブランドが忘れられず、また買うこともあります。

知り合いが持っているのを見て「いいな」と思い、教えてもらったのが、「Coci la elle（コシラエル）」というブランド。東京・清澄白河にあるお店を訪ねてみると、住宅街の中にある建物で、一目見ただけでは、お店とわからないくらい街に馴染んでいます。扉を開けてみると、別世界が広がっていてびっくり。お花畑のように、彩り豊かな傘がずらりと並んでいるのです。それ以外にスカーフも揃っていることがわかり、すっかり買い物モード。そして、ブランドを主宰するひがしちかさんのお話を、あれこれうかがいました。

ひがしさんが「コシラエル」を始めたきっかけは、もともと絵を描くことが好きで、手描きの絵や刺繍を施した一点物の日傘を作り出したことだそう。今も一点物の日傘を作り続けながら、絵や写真や好きなものを貼り合わせたコラージュをプリントにして仕立てた雨傘も展開しているのです。

スカーフも、ひがしさんの絵や、写真などがちりばめられたコラージュをシルク地にプリントした

もの。一見すると、どう使ったらいいだろうと、少し気後れするのですが、身に着けると装いに馴染み、華やかさを添えてくれます。

私が選んだスカーフは、透明感のある水彩画の中に、日本語の文字の切り抜きがあったり、世界地図の一部が貼り込まれていたり、眺めれば眺めるほど、たくさんのものが詰め込まれたコラージュ。それが、ちぐはぐな印象に陥らず、ぎゅっとした世界観を作っているのは、ひがしさんのセンスに拠るところが大きいのでしょう。異質なものが混じり合うことで、新しいデザインを生み出しているのです。結び方や使い方にまつわるオリジナルの冊子もあって、「こんな結び方をすると、こんな風に見えるのか。試してみよう」と、楽しい想像が広がっていきます。

スカーフとは不思議なアイテムで、広げた時と身に着けた時とで、見え方が違ってくるものですし、巻き方ひとつで、表情が変化するもの。「コシラエル」のスカーフは、その楽しさを存分に味わえます。

たくさんの色が広がっているからこその醍醐味と言えるかもしれません。

寒い朝、温かさを求めて首元に巻いたけれど、昼は陽射しが空気を緩ませているので、細長くたたんで首元から垂らすスタイルに。あるいは、バッグに一枚しのばせておいて、夜のパーティーの時に羽織ってみる。スカーフならではの自由さが、装いに変化をつけてくれます。

また、身体の動きに添って、スカーフが揺れたり翻ったりするのも嬉しいもの。おしゃれする気分を引き立ててくれます。

一方で雨傘は、どれひとつとっても、頭の上に小宇宙のような楽しい世界が広がるから、不思議、不思議。大ぶりのものは、買い物袋を持ってさしても大丈夫なくらいたっぷりした寸法で、小ぶりのものは、雨をきちんとしのぎながら、華奢な佇まいが愛らしく、どちらにしようか迷ってしまいます。

何本か揃えておいて、「今日はどしゃぶりだから、カラフルな傘で気持ちを明るく」「ファッションが花柄なので、傘はグリーン系のものを」と選ぶのが楽しくなる。外出時にチャーミングな気分を添えてくれるものばかりです。

そう思うと、傘やスカーフといったファッション小物は、ささやかな存在に見えて、実は日々のファッションに表情を添えてくれる存在とつくづく思います。傘ひとつ、スカーフ一枚で、見た目が変わるのはもちろん、身に着けている気分も変えてくれるから。重宝する名脇役として、欠かせないアイテムです。

11

安田奈緒子さんの器

「白にシルバー」季節を予感する器

真冬の陽射しが少しやわらかくなったり、晩夏の宵口に涼やかな風を感じたり、季節の〝走り〟を感じると、暮らしのものでちょっと表現したくなります。四季がある国に生まれたのですから、それを有り難く受け止め、日々を過ごしたいと思うのです。

旬の食材を料理に仕立てるのもありですが、器やクロスを変えてみる――ささやかな工夫が、気持ちを引き立ててくれる気がします。

そんな時、出番が多いのが安田奈緒子さんの器です。白地に大胆な絵が施されているさまに惹かれ、最初に手に入れたのは十年以上前のこと。以来、新作に出会う度、少しずつ買い集めてきました。

先日も、東京の神楽坂にある「ラカグ」というショップで、新しい小鉢をひとつ、手に入れました。厚みのある陶器が、ぽってりした温かみを感じさせてくれますし、花や植物を思わせる絵が、ちょうどいいアクセントになっているのです。

画家であり陶芸家である安田さんは、白一色の器を作っていたそうですが、絵を入れた器を作ってみようと、このシリーズはスタートしたといいます。

二色あって、ひとつは「呉須」と呼ばれるコバルト化合物を原料にした藍色。と言っても濃紺という墨に近い渋い色で、筆致が濃淡となって、活き活きと表れています。もうひとつの「銀」のシリーズは、ぴかぴかでなく、鈍色《にびいろ》が重なった色目なので、派手派手しい主張に陥っていないのが良いところ。二色の器がそれぞれの個性を放ちながら、控えめな感じも持っているのです。

大鉢、大皿、ミート皿、スープボール、ボール、まめ皿といったアイテムが揃い、大きさやかたちをはじめ、絵がひとつひとつ異なるのも特徴。あるものは、大胆な花柄が中央に配されて華やか、あるものは、抽象的な線画が端っこに描かれていてモダンといった風。

だから、買う時はさんざん悩むことに。この絵だったら桃のコンポートかな、このかたちだったらキャロット・ラペをたっぷり盛ってと、中に入れるものを思い巡らし、手に取ってためつすがめつ。あっという間に時間が経っていくのです。

少し厚みがある陶器なので、気楽に使えるのも助かります。薄く作ってある磁器を丁寧に扱う気分も悪くないのですが、根が大雑把なので、安田さんの器を扱う自由な気分が心地よいのです。

何より安田さんの器は、食卓で使う時に最大の役目を果たします。わが家は、料理を一人一人に盛り付けるスタイルでなく、大皿でどんと出して各自が取り分けるスタイル。中央の大皿を取り巻くように、銘々の取り皿や小鉢が並びます。家での食事は、どこよりもくつろいで、どこよりも普通でありたいし、それが家庭料理の良さにつながっていると思うから――アジア的と言ったらいいか、庶民派と言ったらいいか、気取らず気楽な食卓なのです。

「ね、そのお皿とってくれる?」「そのサラダ、回してよ」といった会話が、毎日のように飛び交います。おかわりの取り分けも頻繁にあるので、「あれ、こぼしちゃった」ということもあるのですが、それも含めて、賑々《にぎにぎ》しい食卓が気持ちをくつろがせてくれます。

安田さんの器は当初、絵が大胆なので、料理を選んでしまうのではと懸念したのですが、使ってみると何にでも似合って料理を映えさせてくれるのです。
春は「銀」のボールに菜の花のからし和えを盛り付けて華やかに。夏は、野菜の揚げびたしを「呉須」の大鉢に入れて涼やかに。季節の先取りは、やっぱり安田さんの器で。季節の贅沢気分を盛り上げてくれます。

12

ショーケイ

「ラディアンス・ホット・ウォーター・ボトル」

ヤクの湯たんぽ

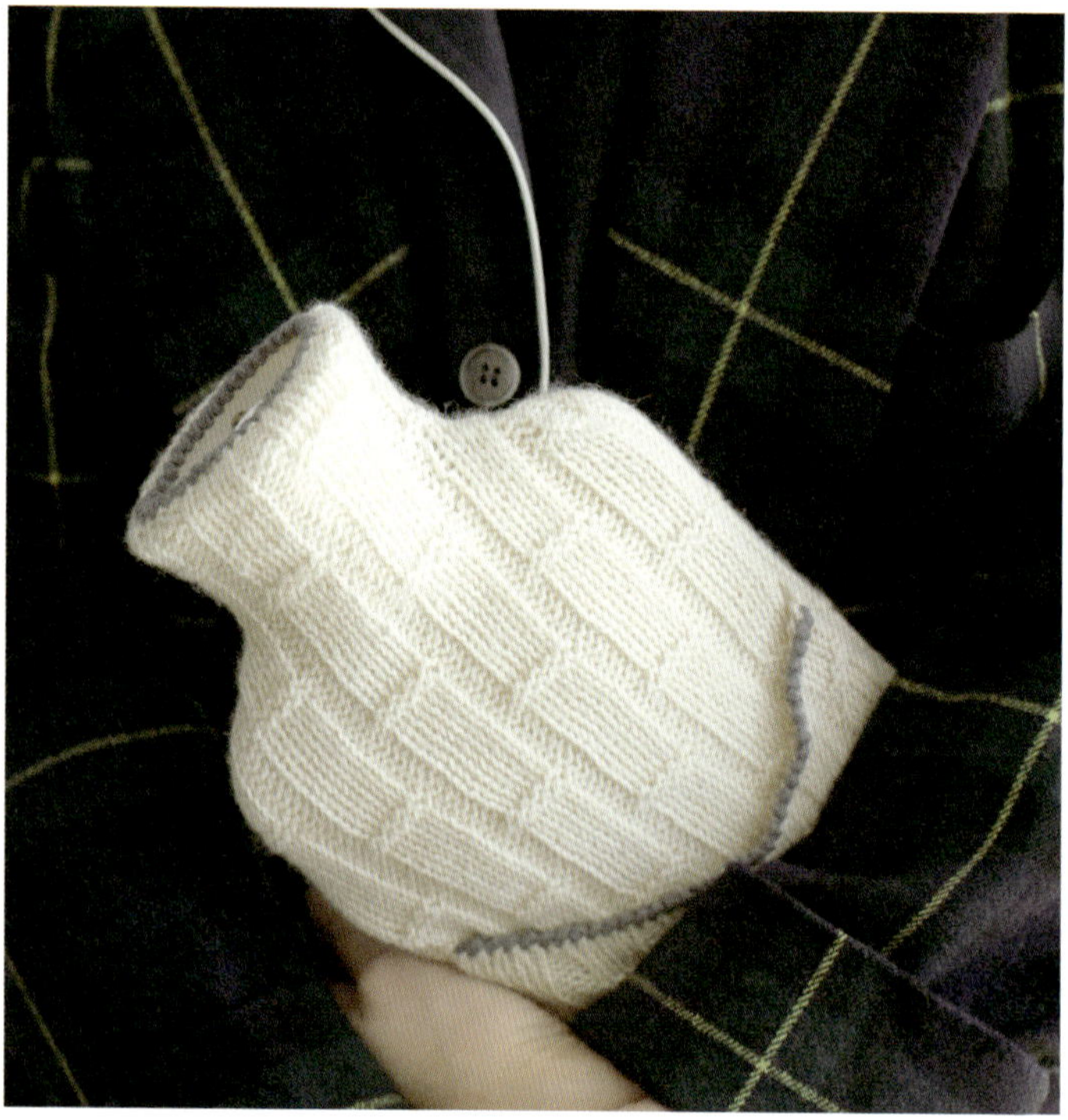

寒い季節は身体の冷えが気になりますが、湯たんぽは強い味方です。

使い始めたきっかけは、知り合いから贈られたこと。セーターをまとったように毛糸でくるまれた、「SHOKAY（ショーケイ）」の「ラディアンス・ホット・ウォーター・ボトル」は、しっかりした作りと、カバーの愛らしい風情に惹かれました。かねがね「湯たんぽがいい」と耳にしていたのですが、「扱いづらいのでは」「面倒くさそう」と敬遠していたのです。

早速、使ってみましたが、お湯の出し入れが思いのほか簡単。はりのあるゴム素材でできたボトルは扱いやすいし、円筒形の注ぎ口がネジ回し方式になっていて安全・安心。このしっかりしたボトルは、ドイツのファシー社という優れたメーカーのもの。病院でも使われているものと聞いて、腑に落ちました。

ブランド名の「ショーケイ」とは、チベット語で「ヤクの柔らかい毛（ダウン）」という意味。「ヤク」は、カシミアに負けずとも劣らないほどやわらかく肌触りがいいのに加え、保温性や通気性、耐久性に優れた素材ということです。「ショーケイ」は、ヤクに注目してさまざまなニット製品を作っているのです。ヤクの毛糸で作ったカバーも、手に取ってみるとなめらかな感触、ちょっとクラシックな編み柄とシックな色味が、気持ちをゆったりさせてくれます。すぼんだ入り口が、とっくりセーターのように見えるのも、ちょっとユーモラスです。

このブランドのモノ作りはまた、社会的な貢献もしています。手編みの製品は中国の女性たちの協

同組合によるものですし、ヤクの毛を遊牧民から直接買い取ることで、彼らが伝統的なライフスタイルを守りながら、安定した収入を得られるようにしています。収益の一%をチベットのコミュニティに還元もしているのです。

早朝仕事の時、お腹にこれを置いて原稿を書いているのですが、身体の真ん中から温まっていく感じが、強いエアコン暖房より心地よく、冷え対策として重宝しています。夏に氷を入れれば、冷やす役割も果たしてくれるとか。年中使える、仕事の相棒になりそうです。

13

ラカグ

「ストール」

古いスカーフのパッチワーク

昔からストール好き。四季折々、登場する頻度の高いアイテムです。

大小さまざま、素材も柄も異なるものをたくさん持っているのですが、そのひとつに、神楽坂にある「la kagū（ラカグ）」で手に入れたストールがあります。ここは、服をはじめ、生活雑貨、書籍などが並んでいるお店でカフェも併設されています。そこでパッチワークになっているストールと出会い、一目惚れしてしまったのです。さんざん悩んだ末、黄色と濃紺をベースにした一枚を手に入れました。よく見ると、五種類の布を一〇枚はぎ合わせた手の込んだ作り。シルク、ウール、コットンと素材が異なっていて、古いストールやスカーフをリメイクしたものとわかります。

九〇センチ×一九五センチと大判なのですが、薄手なので、たたむとバッグにすっぽり入るし、広げると身体全体を覆ってくれるので重宝。肌寒い季節には上着代わりに、夜のパーティーに華やかさを添える一枚に、あれこれと使い回すようになり、柄違いが欲しくなって、もう一枚手に入れました。

「ラカグ」のバイヤーを務める安藤桃代さんとは昔からの知り合い。ストールを作った経緯を聞いたところ、「昔のストールやスカーフで素敵なものがたくさんあるのに、自分が本当に欲しいものがない。それならオリジナルを作ってみよう」と考えたそうです。

友人である山瀬公子さんと一緒に、〝古着〟のストールやスカーフを集め、あれこれ組み合わせを考え、一枚につき五～六枚のストールやスカーフを使い、パッチワーク仕立てにしたといいます。山瀬さんは、リメイクブランド「les Briqu'à braque（レ・ブリカ・ブラック）」やプレタポルテブランドの

「MATRIOCHKA（マトリョーシカ）」を手がけるデザイナー。ハンカチ用の布をパッチワークして作った「レ・ブリカ・ブラック」のスカートや、ファーが付いた「マトリョーシカ」のTシャツなど、私も愛用しているブランドです。

常日頃からセンスが良いと仰ぎ見てきた二人が、一緒に作ったストールだから魅力的なのは当たり前。材料にしたストールやスカーフに限りがあるため、八〇枚ほどしか作れなかったとのこと。貴重な二枚と思うと、丁寧に愛おしんで使おうという気持ちが強まります。

14

G.F.G.S.

「ボーダーニット」新潟産のオーダーメイド

四季折々、活躍する服のひとつがボーダーTシャツ。昔からあるアイテムですが、もともと船乗りが防寒用の下着として着ていたところ、フランスの海軍が着目し、一八五三年に制服となった――そんなストーリーを聞くと、少し活動的な気分になります。

定番アイテムとは、時代やブランドによって、微妙にかたちが変わるもの。それは身頃と袖のバランスだったり、首元の開き具合だったり、ボーダー柄の幅だったり、全体のシルエットだったり――手持ちの枚数が増えるのは、それぞれの個性に惹かれるからではないでしょうか。ボーダーTシャツは、肌触りも大事なポイント。直接触れるだけに、心地よく上等な風合いのものを好んできました。

ある時、デザインや色柄をオーダーできるボーダーTシャツに出会いました。「G.F.G.S.」というブランドで、袖丈や縞の幅を選べる上に、一〇色ある色の中から、好きなものを組み合わせることができるのです。

上質なオーガニックコットンでできていて、肌触りと着心地がいいのが嬉しいところ。ちょうどいい硬さに撚《よ》った糸をしっかり編み上げてあるので、気持ちがいい伸び縮み具合で動きやすく、洗濯を繰り返しても形崩れしにくいのです。

あまり聞いたことがないブランド名と調べてみると、新潟県加茂市の工房を拠点にしているファクトリーブランド、つまり工場が主体となっているブランドとわかりました。代表を務める小柳雄一郎さんが「町内生産」をやってみようと立ち上げたもので、オーガニックコットンを編む工場、布地とし

て整える工場と連携して、一社だけでなく地域の数社がつながってモノ作りしていると知り、小柳さんの話を聞きたくなりました。

地方のまちの多くがそうであるように、加茂市の駅前商店街もシャッターを下ろしているところが多く、ひっそりした静けさが漂っています。「G.F.G.S.」のオフィスは、その通り沿いの建物の二階。扉を開けると、大きな木のテーブルを挟んで、ボーダーTシャツとともに、書籍や雑貨が並んでいる空間が――ゆったりした空気が流れていて、居心地の良いお店のような雰囲気です。

なぜ、こういう場を作ったのか、小柳さんの紡ぐストーリーは密度の濃いものでした。かつて加茂市とその周辺は、経験豊富な職人が高度なモノ作りを営み、全国有数のニット産地として名を馳せていたそう。それが、バブル経済が崩壊した後、値段が安い服がもてはやされるようになり、低コストのアジアへ生産拠点を移すところが増えたのです。何とか生き残ろうと安価な注文を引き受け、倒産していったメーカーが少なくなかったといいます。

そんな中、「新潟の財産とも言えるモノ作りの技と知恵を活かし、作り手が前向きに仕事を続ける場

を作りたい」と考えた小柳さんは、家業であるニットメーカーを拠点に、新しいモノ作りを始めたのです。「際立ったモノができれば、欲しい人は必ずいるはず」と、〝新潟ならではの技〟にこだわることに——まず原料は、さんざん探し歩いて行き着いた、米国・テキサス州のピュアオーガニックコットン。「風合いが良くてやわらかいニット地ができる」と確信し、七年ほどかけて「これなら」というものを編み上げたのです。長く着ても質が落ちず、着心地の良さが変わらない、少し厚地のニットは「他では真似できないもの」とはにかみながら語る小柳さんから、地元への愛情と自信が滲み出ていて、何だか嬉しくなりました。

「G.F.G.S.」の服は、厚地のニットなのにやわらかい。しっかりした仕立てで着心地がいいのです。こだわり抜いて作っただけの価値が、着続けるうちに伝わってくるのです。それに比べると、値段が安いことを売りにしたTシャツやニットを手に入れて、着ているうちに、かたちが歪んできたり、縫い目が解けてきたり、「やっぱりそれなり」とあきらめた経験は、意外と多くあります。

このボーダーニットは、ジーンズとカジュアルな感覚で合わせるのはもちろん、プリーツスカートやタイトスカートと合わせると、少しエレガントな雰囲気に。首元にやわらかいストールを巻いたり、ブローチを付けたり、さまざまな着こなしが楽しめます。

注文すると、三～四週間で手元に届きます。雪国の工房で、心を込めて作ってくれた職人さんたちの愛情が伝わってくるようで、身に着けると温かい気持ちになります。

15 ディーブロス

「ブローチ」
紙でできたアクセサリー

幼い頃からブローチが大好きで、アクセサリー入れの中には、たくさんのブローチがひしめいています。

無地のドレスやシャツにひとつ付けるだけで、装いがぐっと華やかになるし、カジュアルなニットに添えると、少しフォーマルな雰囲気になります。服のコーディネートをおおよそ決めて、仕上げのところできゅっとまとめる役割。料理で言えば、最後にふりかける薬味やスパイスの役割を果たしているのかもしれません。

最近、仲間入りしたのは、グラフィックデザイナーが作ったプロダクトブランド「D-BROS（ディーブロス）」のブローチです。グラフィックデザイナーは、平面デザインを手がける仕事。その表現方法を使って、立体デザイン＝プロダクトを手がけることに挑戦したのです。

最初に作ったアイテムはカレンダーでした。事務的で素っ気ないカレンダーが大半を占める中、きれいな姿かたちで、楽しい工夫が凝らされたカレンダーがあってもいいのでは、ということから作ることにしたのです。「デザインは、しあわせなコミュニケーションを生み出す力を持っている」という考えが、その背後にあります。便利なだけというカレンダーより、美しさや楽しさが加わったカレンダーは、日々の暮らしに豊かさをもたらしてくれると思います。色付きの薄紙を使った繊細なカレンダーから始め、今は毎年、何種類も新作を出すようになり、固定ファンも付いています。その後、グリーティングカードやノートといった文房具をはじめ、ロングセラーになっている「フラワーベース」、雑貨や食器など、幅広いアイテムを手がけています。

　さてこのブローチ、何と紙でできている不思議な存在。八センチ四方くらいの凸凹した円形の中に、二九個もの楕円形のパーツが嵌《は》め込まれているのです。デザインしたのは渡邉良重さん。グラフィックデザイナーとしてだけでなく、イラストレーターとしても活躍していて、たくさんのパッケージや布のイラストをはじめ、絵本なども手がけています。渡邉さんのイラストは、透明感のある色使いと繊細な筆致で、ひと目でそれとわかります。具象的な風景や人の有り様が、たおやかでロマンティックなのですが、どこか凛とした雰囲気をたたえてもいるのです。

　さて、どうやってこのブローチを作ったのか、聞いてみたところ、緻密なプリントを施した小さなパーツを型抜きし、それを土台の紙に嵌め込む〝象嵌《ぞうがん》〟という手法を使ったとのこと。紙に紙を嵌め込むとは思いもつきませんでしたが、よく見ると、パーツの部分が微かに膨らんでいて、嵌め絵になっているのがわかります。地色はシックな茶色で、花柄や文字、人の顔といった柄のパーツと、ピンク、金色、赤、ブルーといった無地のパーツが、ちょうどいいバランスでちりばめられています。

　これだけ細かい〝象嵌〟は、日本でも限られた職人さんだけができる仕事といいます。単なる紙にプリントしたものと異なる上質感と表情を持っているのは、高度な技が込められているからと腑に落ちました。

　また、軽量なので付ける服を選ばないのもいいところ。薄手のブラウスやニットにブローチを付け

The Andalusian Horse
Obertus de Valeto left
had a number of

て、重みで皺が寄ってしまう経験、意外と多いのではないでしょうか。でもこれは、軽さが助けになっているので、付け方が自由自在。出番の多いブローチです。大きな安全ピンが付いている姿もユニークです。胸元に付けてもいいし、トートバッグに付けても楽しい。動く度に揺れるので、軽やかな気分を醸し出してくれます。

小窓にかけたカーテンや、ランプのシェードに付けてみるのもあり。揺れる影が異なる趣をもたらしてくれます。

16
ブイック
「小倉バタートースト」
自家製あんこがおいしい朝食

東京・青山にある「buik（ブイック）」というカフェは、お気に入りの店のひとつです。ブイックという不思議な言葉は、実はオランダ語。「お腹いっぱい」という時の「お腹」という意味だとか。「胃袋と心を満たす場所に」という思いを込めてつけたといいます。

裏通りの半地下という、ちょっとわかりづらい場所ですが、扉を開けると「まちの食堂」みたいな気さくさにあふれています。入り口からレジとオープンキッチンの横を抜けて、奥の座席に着くのですが、空気がてきぱきしていて清潔感があるのです。

木造りの椅子に座ると、窓からやわらかい光が差しています。活気づいているキッチンと、このゆるやかさが、良い案配で同居しているので、ついつい長居をしてしまいます。

大好きなのは、モーニングのメニューにある「小倉バタートースト」。浅草にあるパン屋「ペリカン」の食パンの上に、どんとあんこが置いてあって、バターと粗塩が添えられています。最初は、あんこの量が多いのに、少しびっくりしましたが、自家製で甘さ控えめなので、ぺろりといただけるのです。

ランチは、大ぶりのキッシュが、たっぷりの玄米サラダとグリーンサラダをお供に登場します。旬の素材を丁寧に仕込んだものが、焼き立てでいただける嬉しさ――。「ブイック」のメニューはどれも、奇を衒《てら》っていないのですが、愛情と勤勉さがきちんと注がれていることが伝わってきます。食堂に限らず、昔ながらの商店って、八百屋さんも魚屋さんもこうだったのだと思い及びました。

店主をはじめスタッフたちの明るく清々しい笑顔も看板のひとつ。若い女性たちが、気持ちよく立

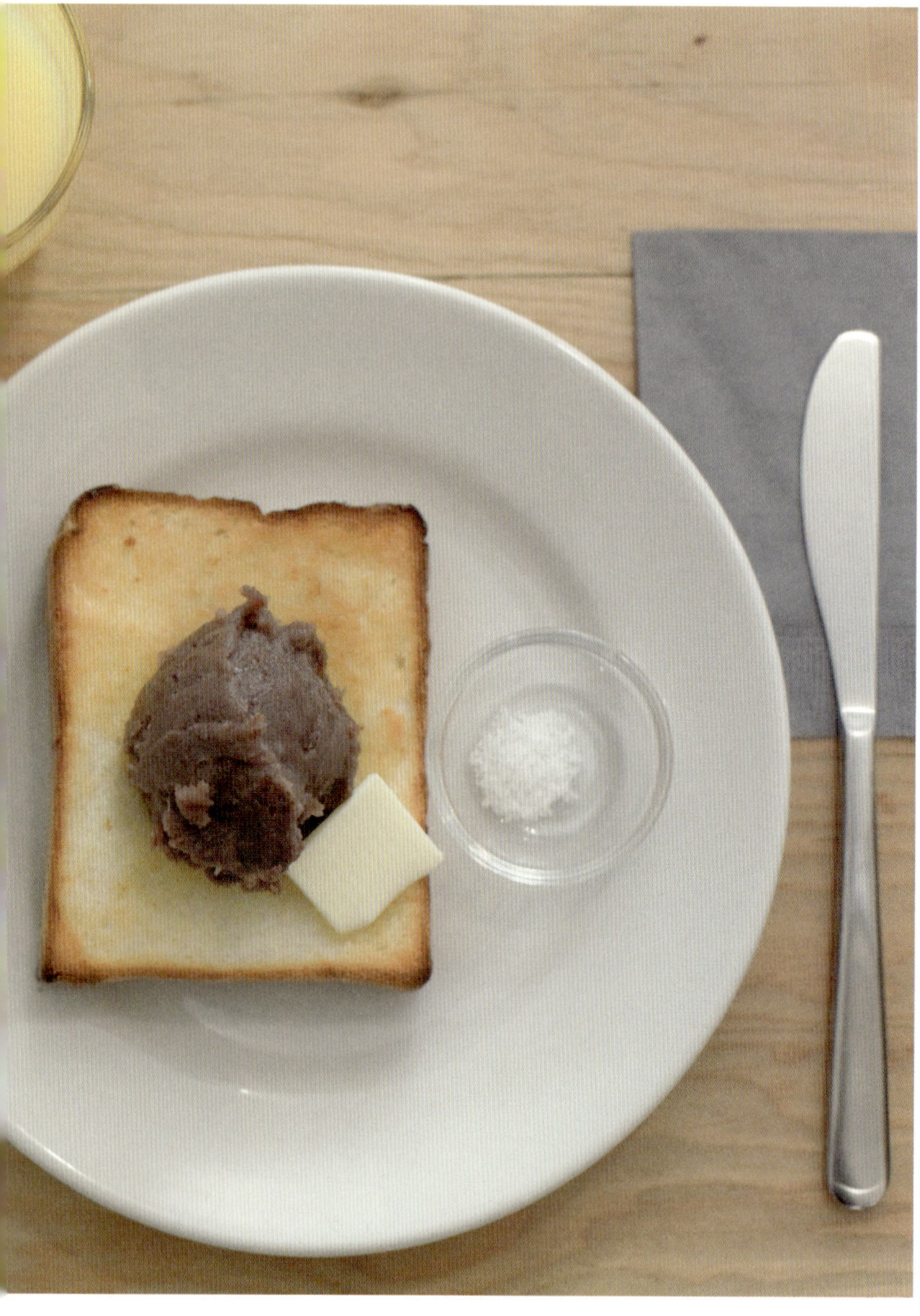

ち働いている姿は、いつ見ても良い景色です。

そうやって、「小倉バタートースト」をたっぷりのカフェオレと一緒に食べ終わる頃には、身体に滋養が充ちてくるような気分に。お店を出ると、いつの間にか大股で歩いていたりして、一日の始まりが元気になります。

17
バカラ
「グラスジャパン」日本の暮らしに合うグラス

気温が上がってくると、冷たいものを飲む機会がぐんと増えます。朝食にミルクやジュースを一杯、夕方、家に帰って冷たいお茶を一杯、食事時にはビールを少々。それなりの数のグラスがあっても、毎日使うものとなると限られてくるのです。

これは、クリスタルで著名なブランド、「Baccarat（バカラ）」が日本限定で売っている「グラスジャパン」というシリーズ。その名の通り、日本の暮らしに合うように作られたグラスです。通常のものより細身で、高さも一一センチと小ぶりにできているのが特徴。手にすっと収まるかたちで、重さもちょうどいい案配、日常使いに適しています。

裾の部分に、クリスタルをカットした美しい模様が施されているのですが、日中の陽射しや、夜の照明にあたると光を反射してきらめきます。ヨーロッパの老舗ブランドだけに、伝統を受け継いできた職人さんたちの高度な技が込められているのです。

取材でバカラの工房を訪れた時の、豪快で精緻なモノ作りの光景が甦ります。伝統の中で受け継がれてきた高度な技を持った、あの職人さんたちが、日本の暮らしに思いを馳せながら丁寧に作ったと思うと、少し嬉しい気持ちになります。

食事時に使ってみると、洋食にも日本食にもよく合うことがわかります。洋食器の中には、和食に馴染みづらいと感ずるものもあるのですが、これは大丈夫。さまざまなサイズやかたちがある和食器の中にあって、協調しながらも密やかな存在感を放っているのです。

また、飲み物に限らず、アイスクリームにフルーツや生クリームを添えて、小さなパフェを作っても映えそうと、使い道を考えています。

18

アコメヤ トウキョウ「お米」
厳選されたお米のギフト

新潟生まれの私にとって、お米は実りの季節と直結しています。秋刀魚も秋茄子も大好きですが、何はさておき、秋と言えばお米なのです。四十年ほど前、東京に出てきて驚いたのは、ごはんの違いでした。普段食べるお米の味にこれだけ差があるのかとびっくり。そして、恵まれた地域で育ったことに感謝し、地元から取り寄せてきたのです。

それが、銀座に本店がある「AKOMEYA TOKYO（アコメヤ トウキョウ）」と出会ってから、「新潟のお米だけがおいしいわけじゃない」と考えが変わりました。「アコメヤ」は、全国のおいしいお米を厳選し、ごはんのお供になる食品や、ごはんまわりの生活雑貨を置いている、いわば「お米を中心としたライフスタイルショップ」です。

お店を運営しているのは、「アフタヌーンティー」や「ロン・ハーマン」などを手がけているサザビーリーグ。ファッションの会社が「お米を主役にした店」をやっているのは、なぜなのでしょうか――。

「日本というものを見直していく時代ではないかと考え、食を中心にした日本の文化を伝えたいと思って行き着いたのが、主食であるお米だった」といいます。なぜなら日本には、個性豊かでおいしいお米がたくさんあるから――「もちもち」などと表現される食感をはじめ、味や香りなど、バラエティ豊かなおいしさをもっと知って欲しい、日々の暮らしの中で味わって欲しいと考え始めたといいます。

「アコメヤ」には、全国各地にある約三〇〇種類の中から、二五種類くらいを厳選して置いています。産地ごとのこだわりや味の特徴について、ひとつひとつ記されていて、お米を思う気持ちが伝わってき

ます。「アコメヤ」のバイヤーは、できるだけ産地を訪れ、生産者と直接話をしています。作り手の思いを使い手に伝える、つなぎ手としての役割を果たしていきたいとのこと。お店の人に声をかけると、丁寧にお米のことを教えてくれます。

「お米は生鮮品」なので、精米仕立てが一番おいしいのだとか。「アコメヤ」は玄米状態のものを、その場で一kgから精米してくれます。七分づき米、五分づき米といった選び方もできて、精米の仕方による食感や味の違いを知ることもできる。これもまた、発見でした。

お米の隣りには、調味料や海苔、佃煮など、たくさんのごはんのお供も一緒に置いてありますし、二階は雑貨コーナーになっていて、作り手のこだわりや技が込められた食器や台所用品などが並んでいます。「アコメヤ」オリジナルの土鍋もあって、それで炊いてお櫃《ひつ》に入れたごはんは、えも言われぬおいしさです。とともに、売り場の一隅に「AKOMEYA 厨房」というイートインコーナーが設けられていて、お店で売られている食品や調味料を使った料理をいただくこともできます。これがまた絶品で、炊き立てのごはんに合うメニューの数々は、大きな厨房で手間暇かけて作られたものばかり。銀座で本格派の日本のごはんがいただける、贔屓《ひいき》のお店のひとつになりました。日々の食事の中で、やっぱりお米って大切な存在。だからこそ、いつも同じ銘柄ではなく、いろいろ試してみると「このお米ならあのおかず」「今日のお客様にはこのお米を食べてもらおう」と空想が広がります。

「ライフスタイルとは、与えられたものを受け身でとらえるのではなく、自分の暮らしに何が合っているのか、どう満足したいのかを探して取り入れること。それを〝Way of Life〟と名付けている」のが「アコメヤ」のモットー。忙しい日々の中で忘れがちなことですが、言われてみればその通り。まずはささやかなことからやってみようと思いました。

そのひとつが〝お米のギフト〟――お世話になった方へお米を贈ると、予想以上に喜ばれるとわかりました。「アコメヤ」のきりりとしたモダンなパッケージでお米を贈る。ちょっと自慢できるギフトです。

19

サバト

「マグカップ」

夜明けのマグカップ

毎朝三時に起床して、まずはコーヒーを淹れてから仕事部屋へ。明けていく戸外に目をやりながら原稿を書く。そんな暮らしを、子供が生まれてからずっと続けてきました。早起き仕事を羨ましがられることは多いのですが、夜九時に寝てしまうのですから、他の人より体内時計が早いだけなのです。

誰もいない家の中で、かちかち文字を綴るのは、一日の中で最も集中できる時間です。そんな仕事に寄り添ってくれるのは、たっぷり二、三杯は飲むカフェオレ。濃い目のコーヒーに温めたミルクを加え、マグカップに注いで机の上に。「さあ、やるぞ」と気を引き締め、原稿を進めながらひと口、行き詰まってひと口――ちょうどマラソンの伴走者みたいな存在で、好きなカップにこだわってきました。

このところ気に入っているのは、長崎県波佐見町にある「西海陶器」が作っている「Sabato（サバト）」というブランドのマグカップ。波佐見焼の技術を土台に、南スイスを拠点に活動するアーティスト、アオイ・フーバーさんの絵柄を活かして、「ドリルデザイン」が手がけたものです。

出会った瞬間、繊細な絵柄に一目惚れしてしまいました。シックな色使いと手描きの線が絶妙で、見ているだけで気持ちが和らぎ、笑みが浮かんできたのです。どんなところで作られているのか、強い興味が湧いてきて、取材に行きました。

波佐見町は、江戸時代から磁器の産地として栄えてきたところ。近辺の有田焼や伊万里焼の下請け業として、大衆向けの製品を大量生産してきたそう。ただ、作る工程が多い上に分業制で小規模なところが多く、後を継ぐ人が少ない。バブル崩壊後は、縮小する一方だったそうです。

「西海陶器」は、九州肥前地区の磁器製品の卸販売、輸出入業を担ってきたのですが、三代目の児玉賢太郎さんは、地場産業を何とか元気にしたいと「東京西海」という会社を立ち上げました。アジア産などの低価格品と競合としないモノ作りをして、国内外に打って出ようと考えてのことです。

そうやってできたブランドのひとつが「サバト」です。イタリア語で土曜日のことを〝サバト〟というそう。土曜日のようなリラックスした時間を「サバト」と一緒に過ごして欲しいという思いを込めて、デザインしたといいます。

そして、このマグカップ。裾に向かって広がっているユニークなかたちに、どっしりした安定感があるし、たっぷりした容量を備えています。ちょっと愛らしい風情の持ち手も、よく考えてデザインされているからでしょう。持ちやすく運びやすいのです。使うものによって、暮らしの気分は大きく変わるもの。「サバト」は、気持ちを少し緩めてくれる、時間を少しゆったりさせてくれる、そんな役割を果たしていると感じます。

ただ、このかたちを実現するには、たくさんの試行錯誤があったといいます。そう聞くと、デザイナーと職人をつなぎながら、真剣にモノ作りに励んだ児玉さんの姿が透けて見えるようで、大切にしたい気持ちが一段と強まります。

マグカップ以外にプレートもあるので、お客様用にはソーサーに見立てて合わせ、ちょっとだけよそゆき顔にすることも。私は、このプレートにクッキーやフルーツをのせ、仕事の合間のおやつ皿と

して使っています。
欧米に出張する時、お土産にすることもあるのですが、日本に帰ってから「日常使いで気に入っている」とお礼を言われることが多いのです。日本風にも洋風にも偏っていない、シンプル過ぎない楽しさがある——さりげない個性を主張しているのが魅力なのだと思います。
「サバト」は海外でも売られています。児玉さんは、海外の見本市にも積極的に出て、国内に限らず、海外での販路も切り拓いています。「日本の技術を使って、世界に誇れるモノ作りをしていきたい」ときっぱり語る姿が頼もしく、またかっこよく見えました。

20 グリデカナ

「ソックス」脚ファッションの豊かさ

ここ数年、ソックスやタイツなど脚のファッションが楽しくなっています。

色柄や編み方に凝ったソックスが揃っていて、お店で見ているだけで気持ちがウキウキしてきます。冷え性なのでタイツ好き。長らくソックスを敬遠してきたのですが、秋冬のファッションで、タイツにソックスを重ね履きするスタイルを楽しむようになりました。

「gredecana（グリデカナ）」は大好きなブランドのひとつ。ソックスだけでなく、ストールやトートバッグ、ウエアやクッションなど、幅広いアイテムが揃っています。

テキスタイルデザイナーの梶原加奈子さんが、オリジナルのテキスタイル＝布を作るところから、暮らしを取り巻くさまざまなアイテムを作るところまでを手がけているのです。

梶原さんは、札幌に居を構え、東京と行ったり来たりの生活を送っています。大きな自然を身近に感じて暮らしているからでしょうか。おおらかな色使いと大胆な柄が特徴。それが、奇抜さや派手さに陥らないのは、繊細で緻密なモノ作りがなされているからです。

ソックスで言えば、ゴールドのラメで縁取りしてあって、甲の部分と足首の部分で異なる色使いのもの。メッシュになっている甲の部分と、ポップな水玉柄の足首の部分が組み合わせてあるもの――ひとつのソックスの中に、三つも四つも工夫が盛り込まれているのですが、身に着けると、不思議と服に馴染むのです。このモノ作りは、高度な技術があってこそ。日本の職人さんとデザイナーが一緒になって、手をかけて作り上げたものなのです。

せっかく四季ある国に生まれたのですから、少し先のおしゃれに思いを馳せ、「冬の厚いタイツには、このソックス」「春になったら、あのソックスとこの靴」と組み合わせを考えるのは楽しいこと。
年代を限定することなく、おしゃれを楽しみたい人が、手を伸ばしたくなるソックスです。

21
ヒガシヤ
「ひと口果子」
季節を映し出すモダンな
和菓子

食べ物がおいしくなる秋は、季節の和菓子が気になります。

家族がみな出かけて一人だけの夜に、お茶を淹れて和菓子をいただく。音を遮断して明かりを落とすと、虫の声が冴え冴えと響き、昼間のざわざわした気分が嘘のよう。和菓子の滋味が、ゆったりした気分にしてくれます。

そんな時、登場するのは「HIGASHIYA(ヒガシヤ)」の「ひと口果子」。ころりとした球状が特徴の愛らしいお菓子です。季節の旬も含め、吟味した素材だけを使って作り上げたもの。丸いかたちがモダンで、素材の色を活かした彩りが美しい。直径二センチほどと小ぶりで、たくさんの種類が揃っているので、いろいろ買ってきて、お腹の具合や気分によって加減しています。

「ひと口果子」のルーツにあるのは、何と古代のお菓子といいます。昔々は、干した果実や木の実が、お菓子の役目を果たしていたそうです。「ひと口果子」も、干した果実や木の実が、ふんだんに使われたものなのです。

ユニークなのは、従来の和菓子で、あまり使われなかった素材を取り入れていること。たとえば「棗《なつめ》バター」は、棗椰子の中にバターと胡桃を収めたもの。「和菓子にバター?」と最初は思いましたが、棗椰子《なつめやし》の甘味とバターのコク、胡桃《くるみ》のカリカリ感が口の中で合わさって、一度食べると忘れられない味が広がります。「路考茶」は、つぶした栗にブランデーを混ぜてあるのですが、馥郁《ふくいく》とした香りが栗の風味を引き立てています。「鳥の子」は、生姜入りの白あんに濃厚なはちみつが、ぴりりと爽やかな後味を残してくれます。

日本茶はもちろん、お酒に合うのも特徴のひとつ。皿にいくつか盛り込んで、酒器と一緒にお盆にのせ、飲みながらいただくのも一興。あるいは、大きな皿にたくさん並べ、皆でわいわいつまむのも楽しい。お茶にもお酒にも合うので、大人も子供も、飲みたい人もそうでない人も一緒に、豊かなひとときを過ごせます。

22

ドレスコ

「ステーショナリーセット」
手紙で気持ちを伝える

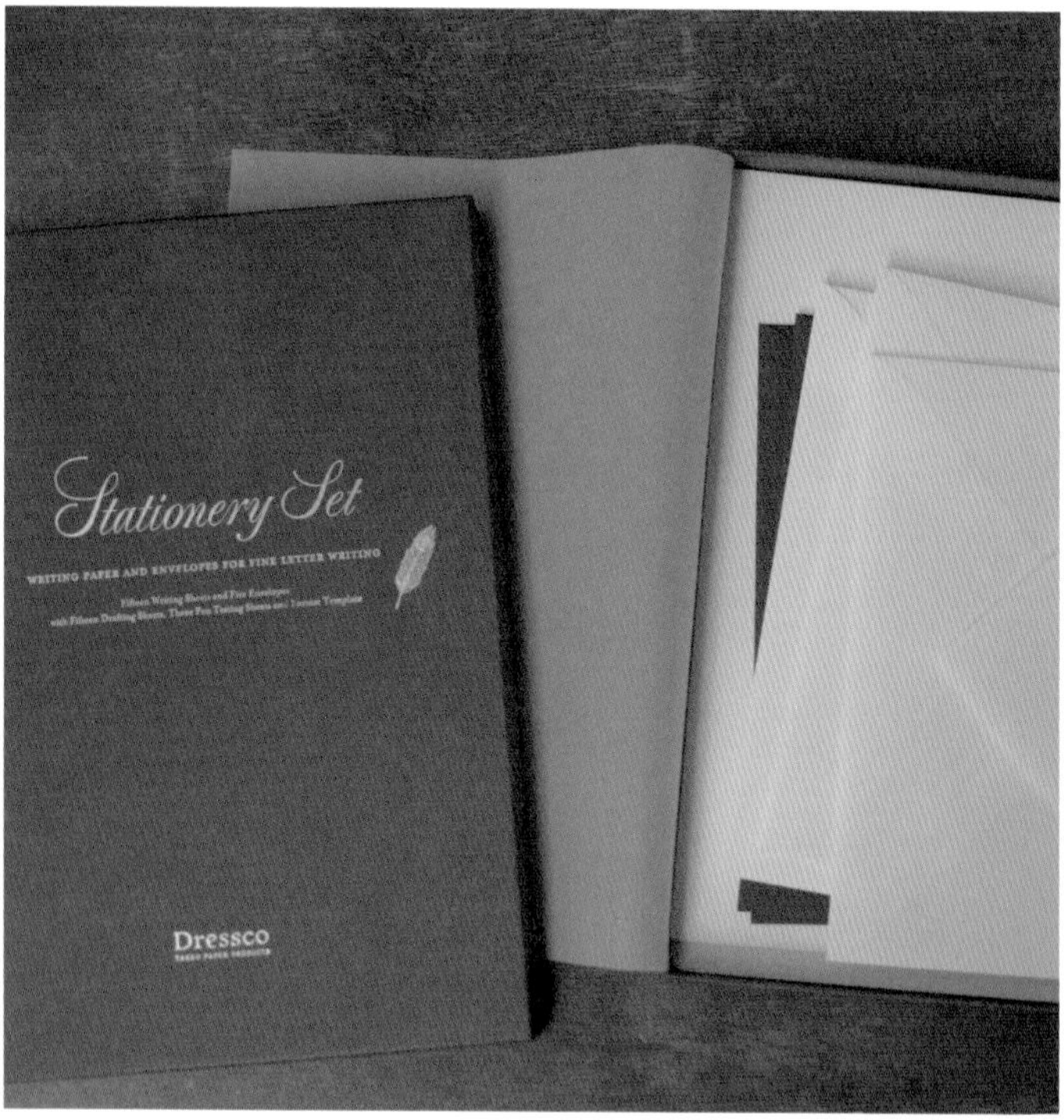

いつの頃からか、手紙をしたためることが多くなりました。素敵なお話をうかがったあの方、食事をご一緒させていただいたあの方、お世話になった方々に、何らかの気持ちを伝えたいと思ったのがきっかけでした。

メールを書けば済むのでしょうし、それはそれで便利なのですが、「どこか心もとない」のです。かと言って、御礼の品を贈るのは、少しおおげさになってしまう。あれこれ考え、行き着いたのが手紙でした。

相手の人となりと、何を伝えたいかに思いを馳せながら、「手紙用」と決めている引き出しを開けます。ぎっしり詰まっているポストカードやレターセットの中から、ああでもないこうでもないと選び始めると、気持ちがウキウキします。

ちょっと改まった気分の時は、「Dressco（ドレスコ）」というブランドの「ステーショナリーセット」を使うことにしています。これは、ドレスを「身に着けるように」使ってもらえればという意図から、紙の専門商社である「竹尾」が、オリジナルで作ったもの。「紙の持っている豊かな質感や風合い、艶やかな色を身近に感じて欲しい」という思いが込められています。

紙の専門家が選び抜いて作った、便箋、封筒、罫線入りの台紙の他に、ペンの試し書き用紙、推敲のための用紙まで入ったフルセット。薄紙に包まれてシックな箱に入っている姿かたちは、もともと手紙というものがどこかに携えていた、ロマンティックなイメージを掻き立ててくれます。

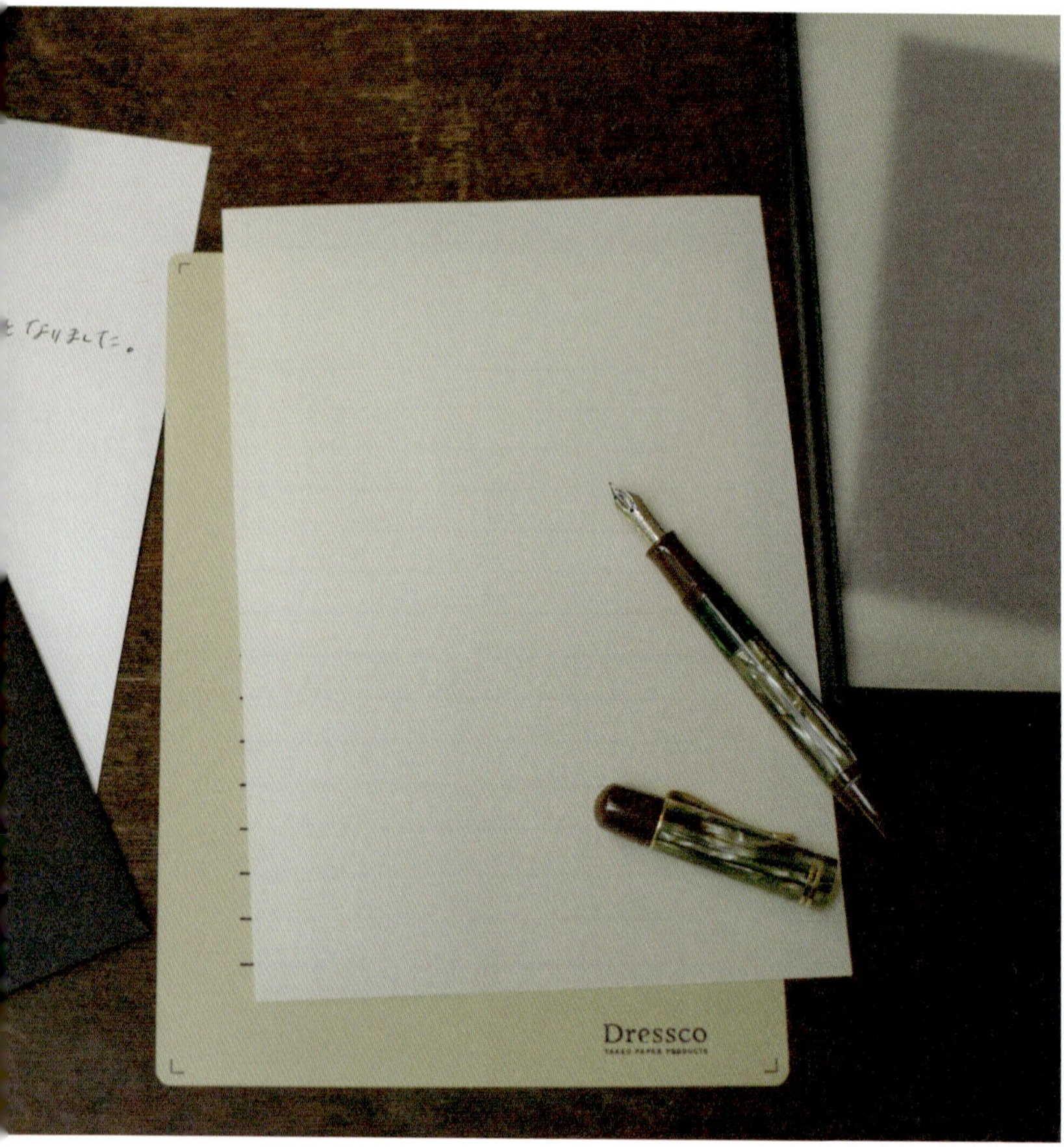
なりました。
Dressco

そして、手紙というものが辿ってきたシーンに思いが及びます。離れたところにいる人に何かを伝えるために、危急の走り書きもあったでしょうし、迷いながら切々と綴られることもあったでしょうし、襟を正して緊張して書き込まれたこともあったに違いありません。

そんな想像を掻き立ててくれる「ステーショナリーセット」。それぞれのアイテムが、また凝っています。便箋は、表面に独特の質感がある上等な紙。手触りも書き心地も抜群です。罫線入りの台紙を重ねて文字を綴ると、いつの間にか背筋が伸びて、凛とした気持ちになります。

封筒は、中が透けて見えないように、シックな色の厚めの紙と薄紙の二重仕立てになっています。便箋と同じ紙で作ってある〝おそろい〟なのも、贅沢感を高めてくれます。聞けば、封筒のいわば蓋にあたる〝フラップ〟のかたちには、三角形の「ダイヤ貼り」と四角形の「カマス貼り」があるそう。「ダイヤ貼り」は、封筒を展開すると菱形になり、その形がダイヤモンドに似ていることから、「カマス貼り」は、二つ折りにして作った袋＝カマスに似ているから付された名称だといいます。御祝いや御礼など、少し改まったものは「ダイヤ貼り」が通例だそうです。

こんな常識も、聞いてはじめてわかったこと。何も疑わずに使っていたと、少し反省しましたが、こういったこと、暮らしの中で意外と多いのかもしれません。伝統的な常識の中には、形式だけ残っていて、「守らねば」となると「面倒」になってくるものがあります。一方でルーツを知ると「意味がある」という気持ちも働く。だから、常識を知った上で、本来の姿である「気持ちを伝える」にはどうすればいいのか、自分で判断して、少し自由な気持ちでやっていくのが一番と思うようになりました。

「ドレスコ」が提案しているのも、手紙の普及というより、そういう手紙の有り様と、その根底にある「気持ちを伝える」ことにあるのではないでしょうか。セットに入っているペンの試し書き用紙、推敲のための用紙なども、使わねばならぬというより、本来の手紙が書かれるプロセスを教えてくれるもの。他の使い方をしてもいいと思うのです。

紙に文字を綴るという行為が、以前に比べると格段に減ってきていると感じていましたが、手を動かして書いてみると、紙を通して身体が感じるものってたくさんあるのです。見た目の光沢や色みはもちろんのこと、文字を書いた時の滑らかさや微かな音、漂ってくる匂い、書き上げて折る時の厚みやしなやかさなど——。

こんな美人さんの「ステーショナリーセット」なのだから、少々の悪筆は許していただいて、文章の拙さも見逃していただいて——何より気持ちを伝えることが大切だから。封筒を開けた時の表情を想像すると、自然と笑みがこぼれます。

23

ヒロコ ハヤシ「長財布」

とびきりの使い勝手の良さ

仕事の帰り道に、スーパーやデパ地下で夜ごはんの買い物を慌ただしくすることは、決して少なくありません。書類を入れたバッグを下げながらお金を払うので、クレジットカードやポイントカードが引き出しにくかったり、小銭入れの奥の一円玉が出てこなかったりと、財布を開いてあたふたしてしまうこと、決して少なくないのです。だから、出し入れが便利でおしゃれな財布はないかと、長い間、探してきました。

ここ数年、気に入って使っているのは「HIROKO HAYASHI（ヒロコ ハヤシ）」の長財布です。ボタン部分のベルトを右手で持って開けると、大きな四角い箱状の小銭入れがぼんと開く。出会った途端、この作りに目をみはって「これだ」と思いました。中身が一目で見渡せるので、小銭を数えながら取り出すにも、おつりをざくっと放り込んでおくにも、圧倒的に便利なのです。一方、右手に並んでいる蛇腹状のポケットはカード入れ。重ねて入れる工夫がされているので、見た目よりうんとたくさん、カードを入れることができます。

デザインは、イタリアを拠点に活動している林ヒロ子さん。もともと林さんは、モデルをしていたこともあり、「しぐさの美しさを意識したモノ作り」を行ってきました。だから「ヒロコ ハヤシ」には、立体的な曲面がユニークなパーティーバッグや、収納が抜群に便利なトートバッグなど、美しいデザインと機能性が共存したものが揃っています。

たとえばこの長財布、一見すると革ではなく金属のように見えるのです。細かな紋様のような幾何学柄は、深い刻み目で施されていて鈍い光を放っている。触ってみると手触りの良い革でできている。果たしてどうやって作ったのか。型押しする金型に刃を組み込むことで、深く精緻な凹凸紋様を付けることに成功したそう。いわばイタリアの革職人も型職人も「こうでなければならない」を思い切ってはずしている。それが「ヒロコ ハヤシ」のモノ作りとマッチして、新しいデザインが生まれたのです。

しかも、徹底して使い勝手にこだわるのも、林さんらしいところ。この財布の構造を生み出すまで、実に十年もかけたというのです。折り紙のように、紙で試作を繰り返し、ようやく行き着いたかたちといいます。

財布は、毎日使うからこそ、使い勝手は第一。でも、それだけでなく、美しい姿かたちで、自分の個性が表現できたら、何も言うことはありません。

林さんの仕事には、匂いたつような艶やかさと凛とした存在感があるのです。持っていて気分が華やぐ、手にとって使うと少し上等な気分になります。それも、男性だから女性だから、あるいは若いから熟年だからといった枠組みを超えて、人の気持ちに訴えかける〝ファッションとしての魅力〟を備えていると感じます。

また、新品ではなく「使って年月が経った時の味わい」を想定しているのもいいところ。繊細に見える素材ですが、丈夫で汚れにくいし、使い込めば込むほど、革の艶が出てきて、独特の表情が生まれます。特にここ数年、〝それなりのものを短期で使い捨てすること〟から〝良いものを長きにわたって

慈しんで使うこと〟へと、人々の意識が向かっているように感じています。その文脈に合ったモノ作りが、「ヒロコ ハヤシ」ではされているのです。

林さんのモノ作りの情熱は、人に使って喜んでもらうことに向けられています。「人と出会うのと同じように、ものと出会うことで気分ががらりと変わるのはないでしょうか」と林さんは言います。言われてみれば、ものとは人に見せるためや、与えられた役割を果たすためだけでなく、使っていくうちに〝暮らしの友〟のような存在になっていく。そんな人格みたいなものが宿っていると感じます。

私は財布だけでなく、名刺入れも愛用しているのですが、どちらも人前で使うことが多いので、「どのブランド?」と聞かれ、「よく似合っている」と言われることが多いのです。声高に主張するデザインではないのに、思わず惹きつけられてしまう——さりげないながら、しっかりした存在感を持っているのも、ちょっとした自慢です。

24
アヴェダ
「パドル ブラシ」
頭皮ケアできる優れもの

長年にわたって髪の手入れに使っているのは、「AVEDA（アヴェダ）」の「パドル ブラシ」です。アヴェダは一九七八年、「ピュアな花と植物エッセンスから生まれた美と科学」を掲げ、米国でヘアスタイリストが立ち上げたブランド。髪はもちろん、顔や身体をケアする製品をたくさん揃えています。「パドル ブラシ」が登場したのは一九八三年。「健やかな髪のためには頭皮ケアも大事」ということから作られたといいます。髪を整えるだけでなく、頭皮もマッサージできるブラシという点では、随分と早くに世の中に登場したのです。

見た目も少しユニーク。ブラシ面が約九センチ×一二センチと大きめで、そこをつかんで使うこともできるのです。全体は木でできているのですが、ブラシの底面がゴムになっていて、底に空気が蓄えてあります。圧がかかるとシュッという音とともに凹むので、少し力を入れて頭皮にあてると、ちょうどいい刺激を与えてくれるのです。

下から上に髪をかき上げたり、後頭部から前頭部に髪を梳《す》いたり、あるいは、こめかみや耳の後ろをグリグリしたり、首筋の上部をポンポン叩いたり、さまざまな使い方ができます。朝に髪を整える前や、お風呂から上がって髪を乾かした後、少しマッサージするだけで、すっきりした気分に。

アロマオイルと一緒に使うことも。「アヴェダ」の「ビューティファイング コンポジション」は、オーガニック大豆オイル、オリーブオイル、ベニバナオイルをベースに、ラベンダーやベルガモットなど、花や植物のエッセンシャルオイルを配合したもの。それをシャンプー前に何ヶ所か地肌にのばし

てからマッサージすると、自然な香りが広がって、地肌が元気になり髪がしっとりします。

自分の身体って大事にしているようで、意外とないがしろにしがちなもの。髪を梳《と》かしながら、頭と髪に「ご苦労さま」、「パドル ブラシ」には「これからもよろしく」と一声かけることにしています。

25

ペロカリエンテ

「テンポドロップ」

表情を変える神秘的な

オブジェ

誕生日にある方からギフトをいただきました。

「Tempo Drop(テンポドロップ)」という名前のオブジェで、しずく形のガラスの器に液体が入っているのです。白い結晶体が沈んでいて、不思議に美しい佇まいです。「100percent」というメーカーが作ったもので、「Perrocaliente(ペロカリエンテ)」というブランド名が付されています。

面白いのは、この結晶体が、日々さまざまに変わること。気温の変化に応じて、器の半分くらいまでむくむくと広がったり、底の方にしんと沈殿したり。結晶体は、量だけでなくかたちも変わります。大きな雪粒のようになったり、細かな砂粒のようになったり。

聞けば、一九世紀に航海士が使用していた「ストームグラス」という天候予測器にヒントを得て作られたもの。結晶体の量が、暑い日は少なめ、寒い日は多め、大きさも気温に応じて変わるのですが、成分としては、樟脳(クスノキのエキス)やエタノールなどを混合した液体だそうです。それも、最先端科学の成果というより、昔ながらの科学から生まれたもので、「はっきりした因果関係があって実証されているかというと、そうでもないのですが、昔の人が天気を想定するため、ひとつのめやすとして使われていた」といいます。成分や効果が詳《つまび》らかでないところに、ミステリアスな興味をそそられます。ジュール・ヴェルヌの『海底二万里』にも登場したと耳にすると、壮大な空想の歴史に思いを馳せ、少しロマンティックな気分になります。

実は当初、「何だろう、これは」と不思議に思ったのですが、見てくつろげる、動かして楽しめる。

想定した以上に、日々触れて、気持ちに馴染む一品になりました。
仕事場のパソコンの横に置いておいて、早朝の原稿書きを進めながら、行き詰まるとふと目をやります。春は温かみのある軽やかさ、夏はさっぱりした清々しさ、秋はゆったりした落ち着き、冬は冴え冴えとした爽やかさ——結晶のかたちを眺めながら、さまざまな気分を味わうことができます。
何より、見ていて気持ちが穏やかになってくるのが良いところ。仕事の友として欠かせない存在になっています。
大きさは大小二種類があって、大きい方は底が丸いので、専用の木の台が付いています。本体を、台座に掘られた窪みにのせるのですが、球形と球形が組み合わさるので固定されず、真っ直ぐ立てることも、少し斜めに傾けるのも、真横に近いところまで倒すのも可能。その日の気分で、置き方を変えたり動かしながら、結晶体が舞うさまを眺めるのも楽しめます。小さい方は、底が平らになっていて、ちょこんとした佇まいが愛らしい。手の中に収め、逆さまにしたり揺らしたり、スノードームのような感覚で扱えます。

さて「ペロカリエンテ」というブランド名はどこから来ているのでしょう。英語の「hot dog」をそのままスペイン語にしたもので、愛嬌のある響きが良いとブランド名にしたそうですが、暮らしにちょっとしたユーモアや楽しさをもたらす、さまざまなプロダクトが揃っているのです。

たとえば、折り紙で作る動物をモチーフにした「PETI PETO（プッチペット）」は、眼鏡レンズや液晶画面などの汚れを拭き取るポケットサイズのクリーナー。ポリエステル素材に形状記憶技術を施し、折り込んで加工したものです。「TSURU」や「Goose」と動物の種類がいくつもあって、使う時はフラットな布に、ふわっと置くと折り紙で作った動物のかたちに戻る、楽しいグッズなのです。何気ない楽しさが、日々の暮らしに豊かさをもたらすことって少なくありません。「テンポドロップ」をきっかけに「ペロカリエンテ」のファンになりました。

そして、自分が使って良かったものは、人にも贈りたくなるもの。「テンポドロップ」は、女性に限らず、男性も喜んでくれそうとギフトに使っています。相手の方から、箱の蓋を開けた瞬間、「何だろう、これは」と〝ハテナマーク〟をもらうこと、予想通りに多いのですが、そういったサプライズもギフトの醍醐味のひとつです。

部屋のどこに置いてどんな風に触れているのか、想像すると楽しくなります。

26
ボックス アンド ニードル
「貼箱」
紙でできた収納ケース

アクセサリー類が大好きなので、ブローチやネックレスをたくさん持っています。上手に整理したいのですが、重厚感のあるジュエリーボックスより、軽やかに使えて豊かな気分になる。そんな収納ケースがあればいいと思っていました。

いろいろ試した結果、登場頻度が高いものを入れるのにぴったりな紙製の箱ケースに出会いました。「BOX&NEEDLE（ボックス アンド ニードル）」というブランドのもので、美しい絵柄の紙が貼られている姿に惹かれ、手に入れました。紙の持っている温かみが、独特の風合いを添えています。

お店は東京・二子玉川にあるのですが、さまざまな紙箱が並んでいて、楽しさに充ちています。京都で一〇〇年以上にわたって箱作りを営んできた老舗の紙器メーカーが、箱を主役に据えたブランドを作ろうと始めたものだそう。紙を貼り込んだ箱作りの技術を活かし、商品パッケージに限らず、普段の暮らしの中で使ってもらう紙箱の有り様を考え、さまざまな商品を作ったといいます。日本に限らずヨーロッパやアジアなど、世界各国から集めた紙を使っていて、その奥深さに魅せられてしまいます。

ショップの二階では、紙そのものも売られているのですが、二〇〇種類ほど揃っているシーンはちょっと壮観。ヨーロッパで生まれた手の込んだ紙もあれば、アジアで生まれたチャーミングな紙もあって、「この国ではこんな紙を作っているのか」という発見がいっぱい。用途がなくても、つい欲しくなってしまいます。京都にもお店があるというので、今度、行ってみようと思っています。

私が愛用しているのは、B五サイズで三段の引き出しになっている「Kolme（コルメ）」という名が付いているもの。「コルメ」とは、フィンランド語で〝3〟を意味する言葉で、三段になっていることに由来しているそうです。

使い始める時は、「紙製だから耐久性が低いのでは」、「手があたる部分が毛羽立ってくるのでは」と、ちょっと不安に思ったのですが、いい意味で裏切られました。丈夫で使いやすいし、手をかけて引くと、するする引き出しが出て来る――紙箱とは思えない滑らかさです。また、引き出し部分が外箱から少しだけ出ているので、中に入っているものが少し見えてわかりやすいのもいいところ。

他に、蓋つきの「POTTERY」というシリーズもあり、サイズが不揃いなカードやメモ類、大切な手紙などを入れておくのに良さそうです。丸い「HAT BOX」シリーズは、その名の通り、帽子をしまう以外に、靴下などを収納するのにも使えそう。部屋の中に置くだけで、周囲を華やかにしてくれます。

紙箱なので、糊づけ部分が変色したり浮いてきたりという懸念もあったのですが、使い込んでも、その兆しすら見えてこない。聞けば、日本古来の接着剤であるニカワを用いて紙を貼っているのが理由だそう。ニカワとは、動物の皮や骨を原材料にしたものだそう、長持ちするのは自然素材の持っている耐久性なのかもと感じ入りました。

季節や天気によってニカワの濃さを調節し、薄くニカワを塗った紙の上に、寸法とぴったりの位置に箱を載せて一気に貼り上げていく。熟練した技と案配、タイミングを測る手早さが求められる仕事

なのです。
また、紙の数が限られていることと、取り方によって絵柄が異なるため、同じものは二つとないとのこと。職人さんが色柄の配置を考え、丁寧に箱を組み立て、貼り込んでいるのです。古くからの日本の知恵が、長きに渡って使えるモノ作りの根底を支えていると納得しました。
ショップでは、定期的にワークショップを開催しています。美しい紙を使った箱作りに取り組む人は、年代を超えた幅広い層で、男性の参加者もいるそうです。プロの技の片鱗を教えてもらうのも楽しそうと感じました。
手を動かして何かを作ってみるって、普段の暮らしの中から減ってきていることのひとつ。でも、頭ばかりを動かすのではなく、手や身体を動かすことも大切なこと。しかも、それがかたちになっていく楽しさや嬉しさを実感させてくれます。

27

アンティパスト

「手袋」ソックスから生まれた手袋

冬のきりりとした空気が意外と好き。この季節ならではのおしゃれのひとつには手袋があります。革のもの、ニットのもの、布のものと、タンスの中には、とりどりの手袋が並んでいて、どれにしようか選ぶのはちょっとした楽しみ。

新しい冬を迎えると、新顔をひとつ加えることにしています。あのコートに合わせて、このバッグに合わせてと、自分で言い訳しながら手に入れるのです。

今年は「ANTIPAST（アンティパスト）」のニットのものに決めました。

細やかで上品な編み地で、甲の中央に、タテガミのような飾りが付いているのが特徴。お店で目に飛び込んできたのは、このタテガミのようなデザインでした。はめてみると、甲だけでなく、小指から手首までのパートにも付いています。タテガミの存在が、手の動きを美しく見せてくれるのです。

「アンティパスト」は大好きなブランドのひとつ。精緻なスケッチ画のように小花がちりばめられている編地のソックス、脚の部分と膝上で柄が切り替わっているタイツなど、おしゃれ好きな女性なら、誰もが惹かれる要素がちりばめてあるから。凝ったデザインのレッグウェアブランドとして、日本はもとより、世界で名だたるセレクトショップから高い評価を得ているのです。

デザインを手がけているのは、加藤キョウコさんと地主ジュンコさんの二人。大手の靴下製造卸の会社で企画の仕事をしていた地主さんと、外部デザイナーとして企画にかかわっていた加藤さんが、二十年ほど前に立ち上げたといいます。

モノ作りを始めたきっかけは、ハイゲージ(細かい編目のもの)で薄手のソックスがあったらいいのにということでした。今でこそ、薄くておしゃれなソックスはたくさんありますが、二人が始めた頃は、ソックスと言えば厚手のものが一般的。だから、おしゃれに履こうと思っても、脚が太く見えたり、エレガントな靴と組み合わせるのが難しかったりと、なかなかうまくいかなかったのです。

紳士用の靴下工場が、薄く編む技術を持っていたことから、二人はそこに頼み、薄手で繊細な柄の

入ったものを作ることに。ところが当初、頼まれた工場は随分とまどったとか。「メンズばかり手がけていたので、レディースと寸法が違うこと、きれいな色などを使うことに慣れていなかったのです」と加藤さんは、少し懐かしそうに語ってくれました。

その後、ソックスを作る機械で織れる幅の布を使ったアクセサリーや服も手がけるように。この手袋はそのひとつで、ソックスのために編んだ筒状の布を切り開いて、手袋に仕立てています。タテガミの部分は、もともと編柄の裏に渡っていた糸を、機械でカットして、デザインのアクセントにしたもの。本来なら裏に来る編柄を表地で活かす。ちょっとした発想の転換から、ユニークでエレガントな手袋が生まれたのです。裏には薄いナイロン地が貼ってあるので、はめたりはずしたりの動きもスムース。これを着けると、普段より、おしとやかなしぐさになりそうです。

「アンティパスト」のもので、他に持っているのは、前身頃が繊細なレース、後ろ身頃は無地を組み合わせたショート丈のカーディガン、緻密な刺繍柄になっている巻きスカートなど、いずれも「これがソックス地からできているの？」とびっくりするようなものばかり。手にとってじっくり見たくなるような服が、たくさん揃っているのです。

モノ作りに対して手間暇を惜しまない、常に新しいモノ作りを問い続けている。一見すると穏やかな加藤さんと地主さんは、デザインの話になると止まりません。そのエネルギーが、この手袋にも込められていると思うと、寒い冬も元気な気分で過ごせそうです。

28

アマブロ「マメ」

伝統＋モダンの楽しさ

豆皿と呼ばれる小ぶりの皿は、いくつ持っていても楽しいもの。小さな一枚一枚の中に、職人さんや産地の個性がぎゅっと詰まっているように感じます。手のひらにすっぽり収まるサイズが愛らしく、幼い頃のままごと気分も手伝って、大好きな器のひとつになっています。

もともと豆皿とは、江戸時代に普及したもの。ご飯に添える漬物を入れたり、おかずを取り分けるのに便利なことから、庶民の器として広まったといいます。魅力的なのは、絵柄やかたちのバリエーションが豊富なこと。動物や植物を模したものもあれば、富士山やお月様をかたどったものも。緻密な柄が施されたものもあれば、大胆な絵が描かれているものも。表だけでなく裏まで描き込まれたものもあります。

「amabro(アマブロ)」というブランドの「MAME(マメ)」というシリーズは、ちょっとユニークな豆皿。陶磁器の産地である佐賀県の窯元と一緒に作ったものです。日本の伝統に根ざしたアートを、今の暮らしに合ったプロダクトとして作ることを目的としたブランドで、さまざまな食器をはじめ、ベビーウェアや布ものなど、幅広いプロダクトを扱っています。アートと言っても、美術品そのものを指すわけでなく、「Art of life―生活にアートを」という視点から、日本の暮らしに根づいた生活文化の良さを見出し、今の暮らしにつなげようと考えてのこと。

そんな意図もあって始めた「マメ」は、元禄時代から伝わる形と絵柄を活かしたといいます。伝統柄には、縁起の良いモチーフや古くから愛されてきた自然や動物など、モダンでかっこいいものがたくさんあったから。そしてその上に大胆な金色の絵柄を配したのです。水玉、リボン、帆船といった金色の絵柄がゴージャスな気分を添えています。

たとえば「椿紋輪花《つばきもんりんか》」は、菊の花をかたどった豆皿。中央に入れられた椿は、「茶花の女王」として珍重され、美術作品にもしばしば取り上げられているモチーフだそう。シックな椿の図柄を囲むように、輪が連なった金彩が施されることで、上品で華やかな佇まいに変身しています。また「脹雀形皿《ふくらすずめがたざら》」は、脹＝福良《ふくら》ということで、縁起ものとして好まれてきた脹雀をかたどったもの。雀が羽を膨らませた昔ながらのかたちは、古びることがないモダンな佇まい。繊細な植物の金彩が添えられることで、雀が木々の中で囀《さえず》っているかのような空想が広がってきます。そうやって、ひとつひとつの豆皿からストーリーが垣間見られるのも楽しいことのひとつです。

落雁やクッキーを入れてお茶うけにしてもいいし、オリーブオイルを入れてバゲットに添えてもいい。もちろん、刺身のお醤油、天ぷらのお塩と、調味料や薬味入れにも重宝します。また、意外とよく使うのは、残った料理を入れる役割。大きな器に少量だけ残った料理は豆皿に移し替えることで〝残り物〟でない顔つきに——一品料理として甦るのです。

あるいは、それぞれに少量盛り付けて、大きめのお盆にのせるとちょっとよそゆき顔に。おもてなしの設えとなります。手持ちの豆皿をあれこれ取り出して、料理と皿の組み合わせだけでなく、豆皿と豆皿の取り合わせを考える。服のコーディネートに近い気分で、思わぬ発見があり、贅沢なひとと

きです。

料理以外の使い道もあります。毎日着ける指輪入れに「脹雀形皿」を使っているのですが、朝はここから指輪をはめて「行ってきます」、帰宅すると、はずした指輪を置いて「ただいま」。送り迎えの挨拶を交わしているのです。

モダンでありながら、日本古来の風情があるので、海外出張時のお土産に使うことも多いのですが、褒められることが多い一品。「マメ」を褒められているのに、贈った自分まで褒められているようで、喜びが広がっていきます。

29
ひびのこづえ
「ハンカチ」
手をかけて作り込まれた
ハンカチ

幼い頃から、布ものが大好き。ハンカチをたくさん持っていて、毎朝、ポッケにしのばせるのが楽しみでした。

流行りのキャラクターがプリントされているハンカチに惹かれた時期もありましたが、どちらかというと大人っぽいものが好み。小説に出てくる「ハンカチーフ」という言葉が持つロマンティックな雰囲気に憧れていました。大人の女性が、ハンドバッグからさりげなくハンカチを取り出して膝に広げたり、首元をぬぐったりというしぐさを素敵と思っていたのです。

時代は移ろい、手を乾かす役割としては、ペーパータオルやエアタオルが普及し、汗をぬぐう存在としては、ミニタオルの便利さが脚光を浴びるようになっても、私の布好きは変わらず、ハンカチ派を貫いてきました。

デパートやセレクトショップ、雑貨店などを巡りながら、目についたものがあると手に入れてきたものをはじめ、私のハンカチ好きを知っている友人や家族から贈られることもあって、とりどりのハンカチを持っています。一貫して好んできたのは、無地でシンプルなものより、あでやかなプリント柄や、縁にレースが付いている装飾的なもの。小さな面積にぎゅっと凝縮された布の世界を、美しいと感じてきたのです。

中でも気に入っているのは、「KODUE HIBINO（ひびのこづえ）」のハンカチです。ヴィヴィッドな絵柄が描き込まれたもの、色違いの布を二重に重ねてあるもの、プリントの上に刺繍を重ねたものなど、手の込んだ作りに惹かれ、使ってきました。いつの間にか、ハンカチを入れてある引き出しの三分の一くらいを占めるようになっていたのです。

生みの親であるひびのこづえさんは、雑誌、ポスター、テレビコマーシャル、演劇、ダンス、バレエ、映画といった幅広い分野で、デザイン活動を繰り広げている女性。ストールやポーチ、ソックスなどのモノ作りも手がけています。

ハンカチについては「小さな四角い布の中で完結する世界」に面白さを感じ、少しの大胆さを盛り込みながら、長く使ってもらうことを意図したといいます。

「ツリー」と名付けられたハンカチは、布全体に描かれた木の枝に、お花のような幾何学柄が配されたもの。グレイの背景にヴィヴィッドなオレンジと水色、黒の背景に白と金色など、シックな色と柄の組み合わせが気持ちを引き立ててくれます。縁に付いている繊細なブレードや、金と銀の鳥が向かい合った刺繍のワンポイントなど、贅沢さが二重三重になっているのも、持つ喜びにつながっています。

また「小さな家」というハンカチは、大きく繁った木の中に、ちょこんと小さな家がのっている絵柄。絵本に登場しそうな夢のあるイラストですが、少女っぽさに陥っていないのは、甘過ぎないきりっとした空気が漂っているから。加えて、無地の布が裏側に貼ってあるのも特徴。二重になっているので吸水性が高く、上等気分が広がります。ひびのさんの凝った提案に対して、当初は「そこまでやらなくても」という反応もあったそうですが、仕上げてみて、作り手の人たちは「良いものができた」と喜んだし、お客さんには、手をかけただけの価値が伝わり、ファンが付いてきているのです。

ハンカチは、道端で汗をぬぐったり、映画を見ながら目元を押さえたり、さまざまな場面で活躍してくれるもの。人目に触れることが多いアイテムです。一方で、バッグにしのばせて持ち歩くアイテムのひとつとして、外出の時に欠かせないお供だし、緊張している時には手の中でそっと握りしめるお守りみたいな存在に——。

毎日使うだけに、吸水性の良さやアイロン要らずということから、利便性の高いミニタオルが増えているのも頷けます。ただ、ハンカチに求める役割は、恐らく便利さだけではないのです。広げた時に絵柄が広がる楽しさ、触れた時に感ずる心地良さ、何よりハンカチ、いやハンカチーフを使う時は、自分の気持ちが少し礼儀正しくなって、ゆったりエレガントになるのです。

日曜日の午後は、一週間使ってきたハンカチにアイロンをあて、畳んでしまうのが習わし。部屋に艶やかな布の群れがふわっと広がっていく。明るく豊かな気分になります。

みらいをひらく、日用品
クレジット

01

虎屋　みらいの羊羹
特製羊羹　「SHIMAMOYO」
須藤玲子作
限定品のため販売終了

虎屋　みらいの羊羹
特製羊羹　「MONOGATARI」
渡邉良重作
限定品のため販売終了

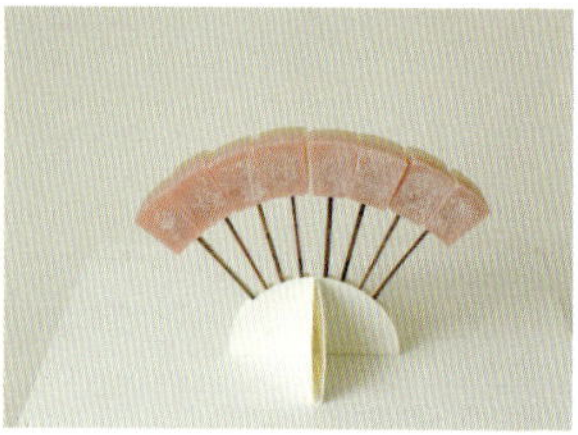

虎屋　みらいの羊羹
干羊羹　「SUEHIROGARI 紅白」
グエナエル・ニコラ作
限定品のため販売終了

02

虎屋　続・みらいの羊羹
「NATSU NO TABI」「カレ ド 羊羹」
限定品のため販売終了

03

グリン
価格：(左上から時計回りに)リング22,680円、ネックレス51,840円、イヤリング23,760円、ピアス10,260円(税込)
問：グリン
TEL：03-6809-8380
www.gren-m.com

04

ビームス　インディゴこけし
価格：左から 6寸／2,700円、8寸／3,780円、4寸／2,160円(税込)
問：インターナショナルギャラリー ビームス
TEL：03-3470-3948
発売時期に関しては
www.beams.co.jp/fennica

08

タイム アンド スタイル　重箱
価格：(左)中／蓋 2,160円、中／身 4,320円〜8,640円　(他)小／蓋 1,296円〜2,592円、小／身 1,728円〜5,184円(税込)
柄：(左 上から)縞、いちご、縞、いちご、(左から2番目 上から)いちご、菱結、角松皮菱、白磁、(右から2番目 上から)縞、極七宝、四角ちらし、(右 上から)角松皮菱、いちご
問：タイム アンド スタイル ミッドタウン
TEL：03-5413-3501
www.timeandstyle.com

09

金鳥の渦巻×ミナ ペルホネン
蚊取線香
価格：2,160円(税込)
限定商品のため現在入手不可

05

東屋　醤油差し
素材：天草陶石、石灰釉
製造：白岳窯(長崎県波佐見町)
デザイン：猿山修
価格：1,944円(税込)
問：東屋
TEL：03-5798-7510
www.azmaya.co.jp

06

めでたや　犬張り子
価格：4,104円(税込)
問：大直　めでたや事業部
TEL：055-272-1717
www.onao.co.jp

07

恋する豚研究所
ソーセージ、ロースハム、ベーコン
価格：(左から)421円、453円、421円(税込)
問：恋する豚研究所
TEL：0478-70-5115
www.koisurubuta.com

13

ラカグ　ストール
価格：15,000円前後　集めるスカーフやストールにより異なります
在庫状況はお問い合わせください
問：ラカグ
TEL：03-5228-6977
www.lakagu.com

14

G.F.G.S.
価格：ボーダーニット（G.F.G.S.G.R.V.）各17,280円（税込）
問：G.F.G.S.
TEL：0256-46-8798
www.gfgs.net

15

ディーブロス　ブローチ
価格：5,400〜5,940円（税込）
問：ディーブロス
TEL：03-3498-6851
www.-db-shop.jp

10

コシラエル　スカーフ
価格：各29,160円（税込）
問：コシラエル
TEL：03-6325-4667
www.cocilaelle.com

11

安田奈緒子さんの器　白にシルバー
価格：（右上から時計回りに）パン皿4,104円、シリアルボウル3,672円、パン皿4,104円、豆皿1,728円（税込）中央／筆者私物
問：ラカグ
TEL：03-5227-6977

12

ショーケイ　ラディアンス・ホット・ウォーター・ボトル
価格：小／各色9,936円（税込）
問：ショーケイ ジャパンオフィス
TEL：080-4348-8989
http://shokay.jp/online-shopping

16

ブイック　小倉バタートースト
価格：550円
モーニングセットは1,200円（税込）
問：ブイック
TEL：03-6805-0227
http://buik.jp

17

バカラ　グラスジャパン
価格：5客アソートセット39,420円（税込）2017年3月末現在
問：バカラショップ 丸の内
TEL：03-5223-8868
www.baccarat.jp

18

アコメヤ トウキョウ　お米
価格：AKOMEYAブレンド他、常時20種類以上取り扱い（玄米換算1kg）756〜2160円（税込）
1kg単位で量り売り
問：アコメヤ トウキョウ 銀座本店
TEL：03-6758-0270
www.akomeya.jp

19

サバト
価格：マグカップ3,024円、プレート18cm／3,024円、21cm／3,780円、24cm／5,400円（税込）
問：東京西海株式会社
TEL：03-6431-0062
www.sabatotableware.com

20

グリデカナ　ソックス
価格：（左から）2,376円、1,944円、1,944円、1,944円（税込）
問：株式会社アントレックス
TEL：03-5368-1811

21

ヒガシヤ　ひと口果子
価格：6種入1,944円（税込）
問：ヒガシヤ オンラインショップ
TEL：03-5724-4738
http://higashiya-shop.com

22

ドレスコ
価格：ステーショナリーセット ギルクレストボンド 3,456円(税込)
問：株式会社PCM竹尾
TEL：03-3295-7500
info@dressco.jp
写真の商品は原紙廃品となるため2017年3月末現在の在庫限りとなります。在庫に関しましてはお問い合わせください

23

ヒロコ ハヤシ
価格：名刺入れ12,960円、長財布34,560円（税込）
問：ヒロコ ハヤシ 青山店
TEL：03-3499-7364
http://store.world.co.jp/s/hirokohayashi

24

アヴェダ　パドル ブラシ
価格：3,240円（税込）
問：アヴェダ
TEL：03-5251-3541
www.aveda.jp

25

ペロカリエンテ　テンポドロップ
価格：5,940円、ミニ 4,104円（税込）
問：株式会社100percent
TEL：03-5759-6747
www.perrocali.com

28

アマブロ　マメ
価格：各1,404円（税込）
問：村上美術株式会社
TEL：03-5457-1210
info@amabro.com

29

ひびのこづえ　ハンカチ
価格：1,080円～1,296円（税込）
問：株式会社ソルティー
TEL：03-5312-7131
www.haction.co.jp/tam/kodue03.html

26

ボックス アンド ニードル　貼箱
価格：（左上から）Kolme 10,584円、Pottery 6,480円、HAT BOX 5,616円、Pottery 6,480円、Kolme 10,584円（税込）
問：BOX&NEEDLE
TEL：03-6411-7886
http://boxandneedle.com

27

アンティパスト
価格：手袋（FRINGE GLOVES）8,424円、靴下（FRINGE SOCKS）2,376円（税込）
写真は2016年秋冬コレクションの商品のため新商品に関してはお問い合わせください
問：株式会社クープ・ドゥ・シャンピニオン
TEL：03-6415-5067
www.madrigalyourline.jp/fs/madrigal/c/antipast

おわりに

皆さん、この本を読んでいただいて、〝もの〟を使ってみたい気分がどこか湧いてきたでしょうか。少しでもそうなっていたら、わたしにとって大きな喜びです。

景気が良くないことが当たり前になっていて、国内外の情勢も決して穏やかではありません。みらいがどうなっていくのか、不安や心配はいっぱいあります。

それでも毎日の暮らしは、今からみらいへ続いていく——ささやかな喜びや豊かさを感じたいという気持ちは、多くの人が抱いていることではないでしょうか。そういった気持ちの助け手になる〝もの〟を紹介するのが、わたしの意図するところです。

本書は、NTTドコモのサイト「美BEAUTE」の中にある「川島屋百貨店」という連載をもとに、作ったもの。最初から本にすることを前提に、チームを組んで始めたプロジェクトでした。

デザインを手がけてくれた若山嘉代子さん、写真を撮ってくれた関めぐみさん、全体のコーディネートを務めてくれた増崎真帆さん、そしてわたし——四名がタッグを組み、ひとつひとつ相談を重ねて創りました。

〝もの〞を選んだわたしが、使い方や作り手の思いを説明してから、チームが「どう撮ったらそれが伝わるか」を吟味して撮影する。写真を選びながら文を綴る、それをレイアウトするという行程で、一篇一遍作ってきたのです。それはまた、ここで紹介したものと同様、〝もの〞を作る仕事でもありました。

書籍化にあたって編集を手がけてくれたのは、リトルモアの熊谷新子さんです。全体の考え方の整理から細かい作業まで、チームの一員として活躍してくれました。とびっきりてきぱきしていて、センスが良いチームの仕事は、私にとって楽しさに充ちていました。この場を借りて感謝したいと思います。

人は〝もの〞とかかわって豊かさを感じるように、人とかかわって楽しさや嬉しさを感じていく。この本作りを通して感じたこともまた、みらいをひらくことだと思っています。

川島蓉子

川島蓉子
伊藤忠ファッションシステム株式会社取締役。ifs未来研究所所長。ジャーナリスト。多摩美術大学非常勤講師。日経ビジネスオンラインや読売新聞で連載を持つ。著書に『伊勢丹な人々』『資生堂ブランド』『ビームス戦略』『社長、そのデザインでは売れません！』『TSUTAYAの謎』『老舗の流儀 虎屋とエルメス』など多数。
1年365日、毎朝、午前3時起床で原稿を書く暮らしを20年来続けている。

本書は、NTTドコモのサイト「美BEAUTE」上の連載「川島屋百貨店」に加筆修正をしたものです。
http://www.bibeaute.com/author/58

みらいをひらく、わたしの日用品
2017年5月9日　初版第1刷発行

著者：川島蓉子
アートディレクション&デザイン：若山嘉代子 L'espace
写真：関めぐみ
コーディネート：増崎真帆

カバーコラージュ：堀井和子

モデル：すずきゆきこ（BUGY CRAXONE）P14,52,70,98　平野七夏 P117

発行者：孫 家邦
発行所：株式会社リトルモア
〒151-0051 東京都渋谷区千駄ヶ谷3-56-6
TEL 03-3401-1042　FAX 03-3401-1052
info@littlemore.co.jp　http://www.littlemore.co.jp
印刷・製本：図書印刷株式会社

ISBN 978-4-89815-455-7　C0077